那些死亡教我如何活

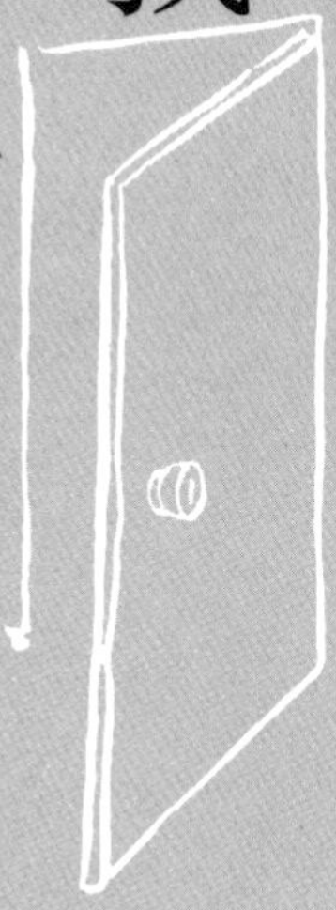

特掃隊長——著

莊雅琇——譯

推薦序一

一雙特別的眼，道盡人生百態

台灣病友聯盟理事長　楊志良

這是一位日本特別的業者——遺體及遺物清理者所寫的一本特別的書。雖然日本是世界第一長壽國，男性平均餘命超過八十歲，女性超過八十五歲，但人終有死，不管這個人的人生是精采萬分、平淡無奇或悽慘無比，或許大家通常避諱談論死亡，然而，畢竟死亡是完整人生的一部分，死亡以後，遺體及遺物必然要有人清理。

作者從事這個特別的行業，有其特殊的因由，同時也寫下各種不同樣態的遺體及遺物，有的遺體「法相尊嚴」、安詳平和，有的殘破不堪，甚至屍水橫流、臭氣沖天、蒼蠅滿室；遺物有的整齊清潔，有的如地震劫後，零亂不堪。更重要的是，筆者從旁觀察及記錄了委託處理遺體與遺物者，與往生者間的感情，或者稱爲恩怨情仇吧！有的委託人與往生者是親密家人，雖對逝去者不捨，但因逝者一生幸福，家人也引以爲傲，哀傷中有幸福，還舉行餐會記念。華人社會也有這種習俗，長者若活到天年，又一生幸福，訃文要用大紅，告別式要放鞭炮及宴賓客。當然也有敘述慘死、自我了斷、白髮送黑髮人，令人不禁唏噓的案例，也帶給委託人無盡的苦痛及遺憾。

人生百態、人情、愛情、親情、恩怨情仇，在處理遺體與遺物時，最能彰顯，作者對這些觀察的紀錄，讀後讓人深思不已。

推薦序二

人生，活下去才是成功

《每天來點負能量》作者　鍵人

我一直有寫遺書的習慣。

大約是從大學的某天開始，我覺得該寫點什麼，給我身邊的人，但我又不好意思直接地說，於是我寫下來，避免這些話沒有機會說。我聽說某些職業在出任務前也都會習慣寫遺書，爲自己留下點話。這是個很好的習慣。

寫一次遺書，就梳理一次自己的人生。我們的人生，應該經常梳理。

我覺得世界上有兩種人最勇敢，第一種是不顧旁人眼光做自己的人，但我目前沒遇過這種人，大家都只是嘴上說說而已。第二種人就是一直認真活著的人。這種人，我倒是很常見到。

我一直認爲，活著是一件不容易的事，尤其在這個時代，活著除了要有一堆現實條件去支撐之外，還會有人一直來問你活著的意義是什麼？人生的意義是什麼之類的話。

生命，活著本身就是意義。活著，本身就是種精采。

這本書很直接地面對許多死亡場景，閱讀的時候，感覺一次又一次地梳理自己的人生，關於愛、感情與物質，還有我們看不見的眼淚等，以及這些死亡之中，我們所看到生命本身的價值。

藉著了解死亡，我們能更認真地活著，不論是沒有夢想也好，不論是行屍走肉也好，關於活著的意義，我們可以沒有，但不能沒有活著。

人生，活下去才是成功。

許多人都看過或被問過這樣一個問題：「如果明天你就要死了，你今天會做什麼？」我是這樣回答的：「跟家人吃完飯，然後坐下來寫東西，直到死去。」聽起來很平凡無奇的答案，但事實上死亡就是一種平凡，而且是最平凡的那種，就好像生日一樣，每一個人都有，也都會遇到。

死亡很平凡，好好過著今天就是。

我很喜歡書裡的一段：「每個人都有早已寫下結局的命運與宿命。生命裡的一切皆是必然，沒有偶然。我們選擇的路是如此，生命的盡頭也是如此。並非跑完漫長的人生歲月、自然老死才算是跑完全程。不論是意外死去或是年輕早逝，都是完賽。儘管短暫得令人惋惜，但都不是輸家。那些早逝的生命絕不比任何完賽者遜色，沒有必要爲他們嘆息。……人皆有死，最重要的是用自己的姿態跑完人生。而死前那最後一抹淺笑是跑完人生路程的滿足，無關任何勝負。」

我們終究會死，不論你知不知道那一天何時到來，也正因爲如此，你每一天都不該做出讓自己後悔的事。因爲很有可能，你沒有這後悔的機會。大多數人有各種活著的方式與特色，但是每個人的死亡卻都是差不多的，重要的是我們留給身邊的人什麼？

時常梳理你的人生，踏實地過著每一天，這世界來都來了，不如玩久一點吧。不用擔心死了怎麼辦，你該擔心明天該怎麼繼續活著。

閱讀死亡，讓我們更像是活著。

推薦序三

觀看他人之死

專欄作家　周偉航

死亡是人生哲學的核心問題，多數的討論集中在「自己的死亡」、「親人死亡」、「戰爭死亡」、「謀殺」、「屠殺」，以及「死刑」。這些死亡之所以受到關注，是因爲其意義鮮明，或是對於個人主體有獨特的價值。

但這也代表大多數的死亡，會被我們忽略。許多死亡對我們來說，是種可被「跳過」的死亡。這些生命的「外在價值」可能相對低落，所以我們不會注意他們的存在，當然，也就忽略他們的死亡。

但那仍是真切的死亡，對他自己來說，對其親友來說，仍是具有意義的事件。一如其他的死亡可以凸顯生命本身的內在價值與意義，這些外在價值不起眼的生命，仍可能擁有許多內在價值。但誰能挖掘這種價值呢？又該怎麼挖掘這種價值呢？

不妨換個切入點。

在反對自殺的論證中，有個主張非常有力：「任何死亡都會造成別人的困擾，因此你不應主動造成死亡，不論是別人的死亡，或是自己的死亡。」所以你不該殺人，也不該自殺，因爲總會讓別人多爲你做一些「原本沒必要做的事」。這種說法排除了對生命的價值預設爭議，直接考量到死亡的後續效應，所以很難反駁。

「如果我跑到深山裡去死呢？」

只要你曾經存在於政府的紀錄中，就會有人要耗費心力去找你。他們一定要找到你，才能結案。如果沒找到，就要不斷撥出資源去找，若是找到了，也要調查、確認你的死亡真是自殺，才能結案。

你當然一死了之，但整個社群仍會爲你的死亡運轉，轉上好一陣時間。認識或不認識你的人，都將爲你奔忙，這一定會造成某些機會成本的損失，所以社群會建立道德原則來反對「自殺」這種行爲。

如果連刻意不想造成他人困擾的自殺，都還是會影響他人，那麼其他的死亡，就必然牽動某些人的生命了。我們所謂的「善終」、「好死」，其實往往就是指那些社會成本較低的死亡。

但有時候，死亡實在是不可控制的，我們也許不想造成他人的困擾，但還是未能盡如已意。我們就這樣突然死了，孤獨地死了，然後引發一連串的社會效應。

若是不可控制的死亡，死者當然會免除其道德責任與批判，但殘局呢，還是該有人收拾。這時出面收拾的人，就不只應獲得工作上的合理酬勞，也更該獲得社群方面的道德肯定。

但喪葬業者與處理後事的專業人員，並非一開始就受到尊重，他們取得正面地位，有個漫長的價值轉化過程。

在人類歷史的多數時間中，死亡現場的處理與收拾，多是一般人不願從事的工作，因此自古投入此業者，常是社會邊緣人，在某些社會中甚至是最低賤的階層。

到了現代社會，資本主義將這個行業轉化為正當行業之一，創造了可觀的量化收入，而宗教信仰與社群意識則提升了這工作的內在價值，多數人轉而推崇從事這行業的工作者，認為他們承擔了偉大的社會責任，並且給予死者最後的尊嚴。

外界觀感提升了，但從業者的個人想法呢？他們又怎麼看待自己的工作？或許他們單純是爲了賺錢，那些「崇高」「偉大」的評價，只是外界一廂情願的幻想？

他們是把工作完成，漠然離去，還是透過工作和死者的生命有更多的互動？甚或進一步提升自己的生命意義？

本書作者提到他曾接觸過身體尚且溫熱的死者，卻有明顯的異味，探詢家屬，才得知死者癌細胞已轉移到全身，所以「身體早在活著的時候就已經腐壞了。」

活著的時候，就已經腐壞了。這描述自然現象的一句話，卻讓作者有超乎原意的生命體會，也讓我聯想起自己接觸過的真實案例：一位大企業家早已死透，卻用葉克膜撐起法定的生命現象，直到子女分產完畢，才關機讓他「善終」。

「善終」，財團新聞稿是這樣寫的，但知情者都了解他的肉體早「已經腐壞了」，只是葉克膜支持的一塊爛肉。

不禁讓人深思，這樣的生命，這樣的死亡，到底算什麼呢？

推薦序一　一雙特別的眼，道盡人生百態　楊志良　2
推薦序二　人生，活下去才是成功　鍵人　4
推薦序三　觀看他人之死　周偉航　8
前　言　與死奮戰的人　17

第一部　愛

1　夢的痕跡　24
2　為愛的人做最後一件事　29
3　最珍貴的禮物是回憶　40
4　笑著說再見　46
5　記得愛的初衷　51

第二部　希望

6 盡力完賽就是贏家 60
7 智慧的年輪 67
8 人生好好活一次就夠了 71
9 別成為外鮮內腐的人 88
10 死是另一個開始 95

第三部　勇氣

11 面對才能看見太陽 104
12 那些奮鬥過的痕跡 112
13 破殼就能看見世界的光 120
14 人生這場賭局 130
15 戒除想像的依賴 139
16 為美麗人生血鬥 145
17 願為一個笑容而奮力 150
18 心態改變眼裡的風景 160

第四部 感謝

19 可怕的是懼低，而非懼高 169

20 值得一輩子惦記的真情 180
21 感恩就能向前 189
22 每天都是一生一次的相遇 194
23 記得我們終將死去 198
24 喜人之所喜，悲人之所悲 203
25 留下美麗的靈魂 207

結語 我們一輩子的人生功課 212
解說 生死的界線 解剖專家 養老孟司 220

前言

與死奮戰的人

「特殊清掃」在日本雖然已是大家耳熟能詳的語彙，不過，將這行稱爲「特殊清掃」是從我們公司開始的，我們可以說是這行的先驅企業。

我們主要的工作是處理人類遺體或動物屍體所形成的特殊髒亂和污損，這是一份鮮爲人知的污穢工作，必須經常目睹悲慘的死亡現場，當然，也必須常在惡劣的環境下工作。

這本書是我將部落格裡特別發人深省的文章集結而成，「特殊清掃：與死奮戰的人」則是我部落格的名稱。之所以以此為名，不僅是因爲我們的工作十分艱辛，也是我從事這份工作二十年深刻體悟到「活著就是戰鬥」的人生真意。

我們活著不只要和人際關係、工作、生活、傷痛和病魔搏鬥，更要和自己的脆弱、愚昧、劣根性、慾望、困難或煩憂對戰，每天的生活中，永遠不乏奮戰的對象。

我一直找尋人生的答案，每當我在慘不忍睹的現場中努力揮汗、奮戰時，就會看到我正在跟「自己」這個難纏的對手搏鬥，但也因爲這股意念，才能對人生燃起源源不絕的動力。奮戰的過程中，我會看見自己的脆弱、愚昧，但我們的人生或許就是得和所有的自己共舞和奮戰。

我把心中翻騰的苦惱以及在工作中看到的生命掙扎和人生真相，全都寫在部落格裡。「特掃隊長」是我，是部落格的主人，也是我在部落格裡的稱號，並非是公司裡的職位頭銜，也不是真正的名字。我既不覺得自己是什麼幫助人的好人，也不是需要被同情的可憐人。我沒有多了不起的膽識，也不是別人所想的傻子。我只是一個內向、神經質、膽小、懶散、易悲、陰鬱的中年男子，有著許多人性上的弱點。

我從一九九二年大學畢業後，就開始從事這份工作。那時我二十三歲，正陷入嚴重憂鬱。我之所以選擇這個工作可以說是爲了反抗那強烈的不幸感，以及對這份罕見行業的好奇心。而我就這樣以這份工作爲生了二十年。不知爲何，感覺這些年來猶如經歷了一場場無法實現的夢，許多不尋常的經驗與發人深省的體悟在我心裡不斷累積、漫開，形成了我獨特的生死觀及人生觀。

二〇〇六年五月，在一個機緣下，我決定將心中所感發表在部落格裡。開始是網站管理員邀請我，表示這些分享「也許可以讓我們的工作與公司讓更多人知道」。在對方說「內容不拘，短文也行」的邀請下，我不假思索，很快就答應了。

我抱著輕鬆的心情，開始寫下工作上的所見所聞與日常生活中的奮鬥點滴。有時分享趣聞，有時嚴肅探論生死之道，絲毫沒有顧及文脈通順與否，想什麼寫什麼。也許是網站的大力宣傳，加上我的題材特殊，部落格很快就有一群忠實讀者。同時，我也漸漸收到讀者的迴響。

在網路上和沒見過、也不知道姓名的陌生人交流，對我這個數位白癡來說實在很有趣。我會爲讀者的加油打氣欣喜不已、對無理的批判忿忿不平、爲人性捧腹大笑、對爲煩惱所苦者感同身受、爲中傷沮喪氣餒，並對求死的願望感到困惑。

這些日子以來，我的心出現了前所未見的熱度。我的筆愈來愈猛健，文字也愈來愈深沉、意有所言。我不再單純分享個人經驗，強調這份工作的特殊性，也開始分享自己這些年的生死體悟，以及因這份工作而得的人生觀和價值觀。即便文中很多是我個人的狹隘見解或不切實際的理想，但撰寫這個部落格，對我來說就像「人生的尋寶遊戲」。

我至今經歷過許多人的死，也見過許多人的生。在清理有形物體的過程中，目睹了許多無形之物。明知這一切如夢幻泡影，我還是願意清除死亡留下的痕跡，刻下生命印記，讓死亡轉化爲重生。

什麼是命？什麼是生？什麼是死？亟欲探索這些課題的本性不斷在搖撼著我的內心。我不斷自問自答，也不顧一切地將這些想法發表在部落格，並嘗試將部分內容付梓成書。我不知道每個讀者如何解讀書中內容、從中領會什麼；也不知道自己的體悟會帶來什麼影響、別人又是怎麼看待自己的人生態度。我自然無從得知每個人會從這本書或部落格獲得什麼。不過，既然你願意拿起來翻閱，如果能在你心中留下一些感觸，將是我莫大的榮幸。

第一部

愛

01 •

夢的痕跡

生命真是奧妙，人活著的意義是什麼？我是誰？人（遺體）死後若是放久了，最後就會腐爛，雖然這是自然現象，但那腐壞的樣子爲何如此的驚人？工作的關係，我腦中經常思索著這些問題。

『

今天接到一個委託我前去特殊清掃的工作。地點是在一棟公寓的屋子裡。往生者是一名年輕男性，委託人是他的父親。

我看了一下屋內的情況，不禁懷疑這是一起自殺案件。原因有三，一是往生者的年紀很輕；二是現場有一大疊信用貸款帳單；三是房間裡到處都是成堆的垃圾。根據我的經驗，這種情況自殺的機率很高。

雖然我不可能對死者家屬和往生者沒有一絲一毫的同情，但基本上，我不會爲別人的死悲傷。這樣或許很冷漠，但畢竟逝者已矣，說什麼也無法挽回。因此，我大多不會在現場故作哀戚，只會跟隨我的內心，說出我的想法或建議。

「是自殺嗎？」

「應該算是自然死亡吧，不過，他好像有服用一些藥物……。」往生者的父親含糊其辭，看來他也不太清楚事情真相。

「對不起，我問了不該問的事。」

「沒關係，這應該也會影響你們的工作吧。」這位委託人相當寬容明理。

房間實在很小，卻塞滿了許多家當、生活用品與垃圾。我只能先把房間清空，再清掃受到污染的地方。除了得面對這種狀況外，處理滿室惡臭、灰塵與污穢，也是一件苦差事。當我把所有物品搬出去後，房間地板只剩下一灘腐敗的液體和成堆的蛆蟲。往生者的父親進來查看時，訝異地凝視地板上的腐敗液體，久久不能回神。

「那是什麼？」

「那是人體腐爛的痕跡。」

「喔！？」

「人體如果腐爛了，就會這個樣子。」這位父親似乎非常震驚。

「人腐爛之後就會溶解。」這麼說也許比較容易理解吧，儘管我對這一切早已習以爲常，但也不想把話說得太直接。

「所以，這就是我兒子的一部分嗎……？」這位父親說著說著，哭了起來。那位始終以冷靜態度面對我的父親，突然悲從中來，讓我有點驚訝、不知所措。不過，我能體會他的心情……。

但我實在想不出什麼得體的話來安慰他，只好默默清理地板。清除腐敗的液體對我來說是件簡單的差事，一下子便清理乾淨了。但那位父親環顧空蕩的房間和已經清乾淨的地板，無限感慨地對我說：

「看來，我兒子活在這人世間簡直就像一場夢啊。……而留在這房間的味道就是這場夢的痕跡吧。」

「夢的痕跡嗎？或許是吧……。你兒子只是先走一步，每個人終究都會走到人生的盡頭，請打起精神來吧。」

「謝謝你。」

「不客氣。」

「那麼我的人生，又會留下什麼樣的夢痕呢？」結束工作後，我一邊想著，一邊懷著巨大的不安與微小的期待，離開了那個令人無限感慨的現場。

02 ●

為愛的人做最後一件事

第一次遇見這位男性委託人，是我前往死亡現場準備估價時。由於他在電話裡的口氣非常無禮，因此一開始我對他印象不是很好，而且與其說是不好，不如說是「很差」。

「如果他的態度太差，我就不接了。」我在心裡打定這個主意後，便跟這位委託人敲定估價時間。

死亡現場是在一戶老舊公寓裡。一如往常，我比對方還早抵達現場，站在傳出陣陣惡臭的大門外等候著委託人的出現。過了一會兒，一位看起來有些年紀的人迎面走來。

「大概就是他吧？希望不會太難搞。」我一邊想著，一邊和迎面而來的他打招呼。

「哦，辛苦了。」他親切地舉手向我打招呼。

不知道是否是因為我看起來很年輕，還是因為我是業者，或是他個性本來如此，第一次跟陌生人見面就裝熟，毫不客氣的語氣一如電話中的他。不過，還不至於惹人厭。看見他曬得黝黑的臉龐泛起和藹的笑容後，我突然一改先前對他的偏見。

「不好意思，讓你特地跑一趟。」

「不會，畢竟要看過現場才能工作。」

「不然我們先進去看看吧。」

由於他的反應非常熱情，實在很難想像我們就在死亡現場，使我不知道該怎麼調整對話的溫度。

「受不了，真是又臭又髒啊！」他一打開大門的門鎖，就毫不遲疑地走進室內。連口鼻都不遮就闖進去的模樣，不禁讓我想起了家中老爸堅毅的身影。當我跟在他身後，正要關上大門時，他還提醒我：

「門不用關啦，很臭！」

儘管我差點脫口而出：「這樣不會影響附近鄰居嗎？」不過，我還是尊重連口罩都不戴的他，乖乖閉上了嘴。

一踏入屋內，一股強烈的惡臭直衝腦門。雖然已有心理準備，還是得死命忍耐才能進行工作。不僅如此，還有嗡嗡作響的無數蒼蠅在我眼前亂舞，數量之多，甚至遮蔽了窗戶的光線。

「啊！等一下⋯⋯。」正要開口阻止他時，他已經打開窗戶。無數蒼蠅「等不及」似的立刻同時飛往外面，四散在遙遠的天際，有種不曾見過的壯觀。此時我也只能無奈地嘆息，心想：「希望牠們不要飛到別人家的餐桌去啊。」

平常我會在開窗之前先把蒼蠅處理掉，要是讓屍體孳生的蒼蠅飛到外面去，我會有種失職的罪惡感。所以，我通常會盡量在室內撲殺所有蠅蟲。順便一提，我愛用的這款殺蟲劑（非市售品）效果極佳，能將到處亂飛的蒼蠅一舉擊斃。

「房間實在臭得受不了啊！」他一邊抱怨著，一邊打開屋裡所有的窗戶，連廚房、浴室、廁所小窗戶等都不放過。當室內空氣一流通，惡臭的濃度頓時降低不少。

只不過，剛剛根本不在乎影響鄰居的他，此時卻泛起一絲苦笑，顯得有些困擾。往生者平時的衛生習慣似乎很差，狹小的房間實在沒辦法客套地說是「乾淨」，甚至只能說是不堪入目。

被褥與牆壁都沾滿了遺體腐爛的痕跡。從殘餘的頭髮和腐敗液體的痕跡來看，不難想像往生者是以什麼樣的姿勢死去。

這位父親環顧室內，彷彿像個局外人似的淡淡地對我說：「死的是我兒子，他看起來死得很悽慘吧？」又接著說道：「他就是死在這裡的。」他一邊指著污染的地方，一邊做出令人不敢置信的舉動。

「等、等、等一下，請不要這樣……。」

看著他，我想起了遙遠的學生時代，曾因爲對將來迷惘而問過父親這樣的問題。當時我問父親：「到底什麼對人生最重要？」

父親沉吟了一會兒，平靜地告訴我：「……家人，最重要的還是家人吧！」原本期待聽到一番大道理的我，不禁有些失望，甚至心想：「遜斃了！人生這樣有什麼樂趣，我才不要過這種人生！」

後來那位父親指著死去兒子的腐爛痕跡，對我解釋著他是以什麼樣的姿勢死去，他一邊說著「他就是這樣死的喔」，一邊作勢要坐在腐爛痕跡上，示範給我看。

「等、等、等一下，別這樣！」我驚訝地出聲試圖阻止他，並下意識地抓住他的手臂。

而且，想到他那麼認真要讓別人知道兒子怎麼死的，心裡頓時一陣沉痛。其實他不用解釋，那腐爛液體的痕跡早已呈現出他兒子如何死去的了。

「我做這份工作很久了，看現場大概就知道怎麼回事了。」

「啊，這樣哦！那就好。」

他和我隨後離開了那滿是污染的房間。在我說明了工作內容和費用後，他便將工作交給我處理，並說道：「那就麻煩你了。」

考慮到蛆蟲、蒼蠅以及附近鄰居等問題，我決定先進行特殊清掃作業。往生者留下的家當或生活用品可以擇日再清除，當務之急是先處理被污染的地方。然而，正當我要動手時，他卻在此時走向全副武裝的我，說道：

「借我一副手套吧。」

「咦？」

「我跟你一起做。」

「蛤!?」

「我也要一起清掃。」

「不用啦，我自己來就可以了，請你在外面等。」

「怎麼可以這樣！好歹我也是他的父親啊。」

「這工作我很習慣，一個人就行了。」

「我已經無法爲兒子做什麼了，就讓我做吧。」

「可是……你錢都付了，還要幫忙，這樣我會很不好意思啊。」

「不用在意啦，我喜歡做人家討厭的工作，你也是吧？」

「是……。」

儘管很想拒絕他幫忙，但是他堅不退讓，直嚷著：「我要幫忙清掃！」我只好誠惶誠恐地把手套和口罩給他，兩個人一起進入被遺體污染的屋子裡。

「你幾歲了？」

「三十八歲。」

「咦？那不是跟我兒子同年嗎!?」

「是嗎……。」

「做很久了嗎？這工作很辛苦吧？」

「我做十五年了。」

「什麼！真不簡單啊！」

「我沒那麼厲害啦。」

「我兒子卻在這個年紀死了……，唉！這也是他的命，我會變成現在這樣也是我的命啊。」

聽他說兒子從小個性溫和，由於生性內斂，經常成爲同學霸凌的對象。儘管試著把他教成堅強的男孩，依然無法改變他柔弱的個性。兒子踏出社會後，在一家還過得去的公司任職，雖然承受著各種壓力，依然努力撐下去。

然而，爾虞我詐的社會競爭以及勾心鬥角的人際關係，終究還是讓他兒子感到身心俱疲，因此死前幾年幾乎把自己關在公寓裡，過著足不出戶的生活。最後弄垮了身體，孤獨死去而腐爛。

「有些人啊，當你好的時候，就會巧言令色巴著你，當你不好的時候，馬上就又會翻臉遠離你。可是家人不一樣，不論你是好是壞，都會跟你在一起。遇到撐不下去的事情時，只要有家人在，我們就能努力下去。所以，家人是最重要的。」

我靜靜聽著這位父親高談闊論，一邊說，他還不忘不停做著手上的工作。

我處理過無數遺體和遺體留下的腐爛污穢，但從來沒有遇過一個會爲家人清理的家屬，我實在無從理解那位父親爲兒子清理腐爛遺體和一屋髒亂的心境。

事實上，沒有經驗的人是很難處理遺體的腐爛痕跡，這不是一件容易的事。但即便如此，他並沒有露出嫌惡的表情，反而略帶喜悅地忙碌著。我很佩服他，也很感謝他，因爲我從他身上看到了一個爲人父親的堅毅剛強。

他待人雖然粗魯直率，但當發現他對家人的愛是如此深和濃，我的心也被他溫暖了。

最後我們分工合作，順利完成了所有清掃工作。

「這樣就大功告成了。」

「是啊，謝謝你。」

「您客氣了。」

「雖然有點少，不過拿去買一點涼的吧。」

「不好意思，讓您破費了。」

「你啊，將來可別像我兒子那樣死掉喔。」

「……好。」

「幸與不幸只在一念之差，人生際遇有好也有壞……，加油喔！」

說著他把一張千圓紙鈔塞進我的口袋。

我永遠忘不了，那曬得黝黑臉龐上堆滿了笑容，眼裡卻泛著淚水。

外頭的天氣好得讓人發汗。

剛做完工作渾身油膩汗水的我，不禁想起兒時的夏天，父親把一百日圓硬幣塞在我的手裡，說道：「去買冰吃吧。」

03 •

最珍貴的禮物是回憶

一樁委託工作上門。地點是一處老舊狹小的社會住宅。男性委託人已在現場等候。往生者是一位上了年紀的女性，死因是常見的孤獨死，委託人是她的兒子。

「

看起來委託人與死去的母親平常幾乎沒什麼互動，但母子之間不像有什麼問題，感情也並非不融洽，或許是因爲他自己有了家庭，爲生活忙得不可開交，才會無暇顧及母親。我一邊在心裡暗自揣測，一邊跟著他走進了死亡現場。

雖然往生者已經死了好幾天了，但屋內卻沒有什麼污染或惡臭，面對如此平靜的景象，我心情頓時輕鬆許多，甚至心想：「這根本不算是『特殊清掃』，只是個『清除廢棄物品』的一般工作吧。」

不過，說是「清除廢棄物品」，但可以一次打包出清的雜物其實不多，因爲當中還留有一些無法直接丟棄的物品。像是還能用的東西、貴重物以及有紀念意義的東西等等。

清除過程中如果不先區分出需要物和廢棄物，根本無法進行全面清掃，因此，我請委託人先把還需要的物品都挑出來。當然，要是屋內的情況可怕到連委託人都不敢進去時，客戶就會很有默契地信任我們，交給我們全權處理。

這個案子因爲屋內狀況良好，我就請家屬先挑出貴重物品和需要物品後，再進行清除作業。

作業當天，男性委託人說完「需要的東西我都帶回去了，其他的請你全部處理掉，快結束的時候再通知我，我會再過來」，便出門離開了。若是留在現場也只會沾得滿身灰塵，離開反而對我比較好。

如他所說的，屋子裡剩下來的都是可以扔掉的東西。既然是廢棄物，我就能大膽放手處理，不需要小心翼翼地幫客戶打包或是搬運出去。

屋子整理得差不多後，我開始清理收納空間。房間壁櫥裡塞滿了物品，不過，幾乎都是收納箱和衣物箱，而且每個箱子都貼了標籤，清楚註明裡面裝了哪些東西。

「整理得這麼有條理，想必是位一絲不苟的人吧。」我一面感嘆往生者的有條不紊，一面動手將這些物品搬出來。

整理完壁櫥，繼續清理上方的櫥櫃。這裡的物品也和壁櫥一樣，全都用箱子整理得井然有序，在確認了每一個箱子的標籤後，我便將它們一一搬出去。然而，就在準備搬出去時，我發現一個放在最深處、也最難拿出來的紙箱。由於外觀十分老舊，便以爲「這肯定是要丟的東西」，正準備將它搬出去時，不經意地又看了標籤一眼，才發現標籤上寫的好像是人名。

「這名字該不會是……？」標籤上寫的其實正是往生者的兒子，也就是委託人的名字。

「裡面放了什麼呢？」我搖了搖紙箱，當然不可能知道裡面有什麼。這箱子勾起了我的好奇心，於是將它留在屋子裡，繼續完成其他工作。慎重起見，我打算等一下還是請委託人一起看看紙箱內容。

在作業進行到最後階段，我請委託人回來確認現場情況。

「真厲害，動作真快啊。」他很驚訝我能在短時間內將屋子清空，並且對我的工作效率非常滿意。

「還有……這個箱子，我覺得你好像應該再看一下是否要丟掉喔。」我把那個紙箱交給他。「這是什麼？反正是沒用的東西吧？」他說著，隨即扯開紙箱上的封箱膠帶。「嗯？這是什麼……？」他從箱子裡拿出一張小孩畫的稚拙畫作，以及一封用大字寫成的信。

「這很像是我小時候畫的……，真懷念啊，我都快忘了。」他激動地凝視著這些畫。

「真是的，留下這些垃圾也沒用啊。」他一邊說，一邊靦腆地笑著。

箱子裡放的是委託人小時候送給母親的東西。有生日賀卡、母親節禮物，也有平時送的各種物品。可以想像這位母親生前應該把這些視若珍寶，才會將每個作品一一細心收好，放在壁櫥的最裡面。

「屋子清空後，我才深深感到老媽真的死了啊。我應該趁她還在的時候多跟她說話啊……。」委託人悔意無限地喃喃說著，然而，當他在仔細翻看箱子裡的每件東西時，臉上卻露著暖暖的笑。

我不知道他後來如何處理這個箱子裡的物品，但我相信這個充滿母親心念的紙箱，應該填補了他內心失落已久的缺口吧？

我在那個現場感受到一位母親對兒子牽掛的愛念，在那一刻也被這些愛療癒枯槁的內心。

04 •

笑著說再見

葬禮其實極具社交功用，能讓平時不常見面的遠親，或是久未聯繫的朋友、舊識再度聚首、聯繫。

我發現很多人在喪禮中會一時忘了死去的親人，忙著和久違的親朋好友聯絡感情。我私自以爲往生者不會對這樣的情景不悅，也不覺得這樣有什麼不好。

與其因爲往生者而一味心情悲戚或是面露愁容，我覺得與親屬自然互動，或說或笑，並無不可。

接到委託我處理遺體的案子，是一位年過百歲的老婆婆高齡辭世、壽終正寢。當我來到這戶人家，一大群親友正聚在一起舉行酒宴。「活過一百歲，真是不簡單啊！」「好福氣、好福氣。」席間有年老的子女，也有中年的孫兒，也有正值青春年華的曾孫和剛學語的玄孫，場面熱鬧如晏。

雖然有親人過世，卻一點也沒有哀傷淒涼的氣氛。當我正要走入這戶人家屋內時，外面一隻狗一直對我這個陌生人狂吠，我心想應該是往生者生前養的愛犬吧。其中有位男性家屬（往生者的孫子），見狀趕緊喝止這隻小狗，說道：「吵死了！混蛋！閉嘴！」接著轉身對我說：「對不起喔，這條笨狗實在很吵。」其實我反而覺得這位破口大罵的家屬比這隻狂吠的狗還吵。

處理遺體的過程中，我看著家屬們的互動，心裡覺得很有趣，心想：「這樣的告別方式也不錯。」有些人直接拿著酒或食物，走到往生者身邊對她表達告別之意，甚至摸摸她，再返回宴席上，而且幾乎每個兒孫與親友都沒缺席。

現場氣氛彷彿親友聚會，經驗告訴我：「等一下他們應該也會邀我吧？」果不其然，很快有人邀請我說：「你也來喝一杯吧！」心想這是他們的好意，我若是以「手邊有工作」爲由回絕邀請，未免也太不識相了。

殯葬業雖然也是營利事業，但多數人比較不會感受到它的商業色彩。畢竟殯葬業必須碰觸往生者與家屬極其隱私的部分，才能順利完成工作，因此，當委託人願意接納我們，心裡會覺得格外開心。

即使這份工作遭到社會大眾嫌棄，但若素昧平生的委託人依然願意敞開心胸信任我們，交付重任，還是會令我們非常開心。

這個喪禮可說是一場告別宴。我提醒自己不要因爲我的出現破壞了現場的氣氛，因此小心翼翼地加入宴席。

不久我聽到席間有人提議：「大家一起到院子裡吃柿子吧。」據說往生者生前很愛吃柿子，矗立在院子裡的柿子樹，就是她當年生下長子時種下的紀念樹。

幾位男性親友還從外面摘了許多柿子回來，邀請我一起吃，不知爲何這柿子吃起來特別香甜。因爲實在太好吃了，我甚至斗膽提議：「要不要把柿子放進棺木裡？」家屬也都贊成。於是，每個親屬都拿著一顆柿子依序放入棺內，遺體周遭頓時擺滿了小小的柿子。

齊聚於此的男女老幼，全都與往生者血脈相連，而這些不都是往生者曾經活過的美好足跡？

小狗依然在外面狂吠。之前喝斥小狗的那位家屬因爲喝得很茫，忍不住又破口大罵道：「吵死了！」一問之下，才知道那隻小狗的名字和他已故的父親一樣，而他的父親就是往生者的長子，也就是柿子樹紀念的那位孩子。往生者爲了懷念早逝的長子，便以其名爲小狗取名，對牠百般疼愛。

我當然沒有到喝醉的程度，不過，看大家這麼熱情地送別，我似乎看到往生者的臉帶著淺淺的笑意。

不論是長壽或早逝，每個人都會留下活過的證據。

我從小狗宏亮的叫聲、香甜的柿子與熱鬧的宴席感受到那位往生者的生命活力。「這位往生者留下了許多珍貴的寶物啊。」我一邊感慨地想著，一邊悄悄地離開了這個特別的喪禮。

05 ●

記得愛的初衷

許多家屬會在遺體入殮時，放進往生者生前愛吃的東西或喜歡的物品。多數都是放進零食、餅乾等食物。不過，其中也有很難處理的，尤其是水分含量多的食物。水分多的食物不但會在火化時燃燒不完全，也會降低焚化爐的燃燒率，有時甚至會弄髒了遺骸。

提到水分多的食物，最典型的就是水果和飲料。就算往生者愛吃，也不太可能在棺木裡放進一整顆西瓜或哈密瓜。蘋果也一樣，最好不要一整顆放進裡面。可以整顆放進棺木的，僅限於橘子或是比它還小的水果。但是，大型水果如果切成一小塊倒是可以。

至於飲料，則以酒類居多。我也非常愛喝酒，所以能體會這種心情。日本酒或燒酎有小型紙盒包裝，倒還好處理；瓶裝或罐裝的啤酒就不是那麼適合放進去了。遇到家屬實在是很想放進去的情形時，我會請他們改放在有蓋子的小紙杯裡。不過，啤酒還是保持原來的瓶裝或罐裝比較好，畢竟一換容器，美味的啤酒就會變得難以入口。儘管對家屬和往生者很抱歉，但有時也不得不考量到火葬場的顧慮。

接到一個委託我處理遺體的案子。往生者是一位年長男性。家屬，也就是往生者的妻子表示：「我想在棺木裡放進孩子的爸爸喜歡的東西。」

對於這樣的要求我早已習以爲常了。經過一番的討論後，對方表示希望放入「關東煮」，但這真是非常罕見的要求。

「關東煮……？雖然明白這是往生者愛吃的東西，不過，關東煮實在是太特別了。」我思索著該怎麼讓家屬放進棺木，想請他們放在塑膠袋裡，但這樣看起來似乎又不太好吃，所以最後決定請他們準備便利商店的關東煮容器，把食物放在裡面。

雖然想盡可能幫家屬完成心願，但也無法想放什麼就放什麼，所以我請家屬選出四到五樣往生者最喜歡的關東煮，並且叮嚀他們一定要把湯汁減到最少。

在家屬還沒開始做關東煮之前，我就千叮萬囑，請他們務必盡可能地減少數量，爲了避免火葬場抱怨反彈，我只能不斷叮囑他們。

這位往生者最喜歡的食材似乎是水煮蛋，只是因爲一次吃好幾顆水煮蛋有害身體健康，家屬表示往生者生前總是不被准許吃太多，爲了送死者最後一程，希望能在棺木裡放進多一點水煮蛋。

當遺體入殮、棺木整理好，家屬也按照我的指示將關東煮準備妥當，正準備蓋棺，結束喪禮時，往生者的太太說了一句話，引來在場親人一陣議論。

「你爸爸生前最愛吃水煮蛋，但總嫌剝蛋殼很麻煩。」

「嫌剝蛋殼很麻煩!?關東煮的水煮蛋有帶殼嗎？」我忍不住停下手邊工作，望著這位遺孀的臉。

「關東煮的水煮蛋有帶殼嗎？」我頓時懷疑自己的常識。雖然很想確認事情，但這件事無關我的工作，我沒有任何立場提出質疑。這時，有位親戚似乎察覺到我的疑惑，提出了疑問。

「剝水煮蛋的殼，是什麼意思？」

「就是吃的時候要把殼剝掉啊。」

「關東煮的水煮蛋通常都沒有殼吧？」

「是嗎？」

「有殼的水煮蛋也太奇怪了吧！」

「爲什麼？」

「你們該不會是把整顆生蛋，丟進關東煮的鍋子裡吧？」

「沒錯……。」

「什麼!?不會吧！」

「這有什麼好奇怪的？」

「當然奇怪啊！」

氣氛也從這時開始變得緊繃，雙方逐漸陷入情緒性的爭執，我也只能尷尬地閉上嘴巴，置身事外。

「至少蛋殼很不衛生吧？」

「廠商出貨時，應該有洗過吧？」

「還有，帶殼去煮就沒辦法入味吧？」

「多少還是會的。」

「會嗎!?可是，這樣不好吃吧？」

「好吃啊！」

「反正你們這種吃法很奇怪！」

「有什麼關係！我們一直都是這樣吃的，一定有人也是這樣啊。」

「沒有！沒有人這樣！難道便利商店的關東煮水煮蛋也有帶殼嗎？」

「我又沒買過，哪會知道。」

眼看雙方爭辯得愈來愈激烈，我只能在一旁靜靜聽著，心想：「這個話題能不能到此爲止啊？」

「不管怎麼說，關東煮的水煮蛋通常都是不帶殼的。」親戚有了社會大眾的常識撐腰，更加得理不饒人，家屬有點不知所措。原本哀傷肅穆的入殮儀式，竟然變成一觸即發的緊張局面。

我很怕被這場小衝突波及。然而，最令我害怕的事還是發生了。「你覺得呢？」平時自認爲非常懂得臨機應變的我，此時真是無言以對。這種情況隨便說自己的想法，對方一定無法接受；誠實說出自己的意見，也可能讓自己裡外不是人。

本來想乾脆說自己不愛吃水煮蛋，但這樣又有點對往生者不敬，實在也不妥當。最後，我只好回答：「我沒煮過關東煮，因爲我對雞蛋過敏。」（就心情上來說，我真的快要對蛋過敏了。）

結果，應該對往生者寄以無限思念、祈求安息的莊嚴氣氛遂被親友們的爭吵給破壞殆盡，草草結束了入殮儀式。後來家屬到底有沒有在棺木裡放進關東煮？水煮蛋到底有沒有帶殼？我也不得而知。

回家的路上，我一直想著，人類這種生物，總是一心想要破壞別人的殼，卻一點也不想突破自己的殼。對人類過敏的我，不禁這麼感嘆。

第二部

06 •

盡力完賽就是贏家

我的工作除了清掃特殊的死亡現場以外，還包括遺體入殮，以及將遺體從醫院運回往生者家中的搬運業務。在我二十五歲左右，剛進這一行不久時，曾經處理過下面這樣的案例。

「

往生者是年約二十歲的大學生，一位就讀名校體育系的高大青年。

到達現場，映入我眼簾的是年輕的往生者躺臥在自家客廳裡，身旁伴著滿臉憔悴的父母和姊妹。他們沒有哭泣，也沒有笑，只是茫然無語地呆坐著。我不經意地環顧房間四周，發現櫃子和牆上擺設許多獎杯、獎牌及獎狀。從這些輝煌的戰績，不難想像他生前是位多麼傑出活躍的運動員。

遺體周遭擺滿了供花，名條上清楚寫著他曾就讀的大學以及從事過的運動。

死因是手術途中休克死亡。雖然這在醫學上是極可能發生的死亡風險，但對家屬來說，卻是預期之外的「意外死亡」。

據說身強體健的他，是因爲急性心臟病緊急住院，但卻從此展開與病魔長期抗戰的鬥病生涯。狀況不好的時候，常令他痛不欲生。在漫長而艱苦的治療期間，他接受了許多精細的檢查，最後得到「必須動手術才能治好」的建議。

儘管這在醫學上是一項極爲普通的手術，依然有著千分之三的死亡風險。這項數值究竟是「高」還是「低」，全看你怎麼想。心臟功能這麼差，不僅會斷送運動生涯，也有可能猝死早逝，爲了美好的將來，這位青年和家人即便擔心，也只能做好心理準備，決定放手一搏。

然而，「意外」是現實人生的常客。他們的希望成了泡影，遇上僅僅〇．三％的機率，在手術中失去了寶貴生命。

這位青年死時身上穿著極不合身的浴衣，雖然很失禮，但是看上去實在太寒酸可憐了。原以爲家屬傷心之至無心顧及此事，所幸後來家屬懇求我替他換上「生前最愛的運動服」。原本就很想替他換掉那身衣服的我，一聽當然立刻答應。

這位青年的體格很好，所以死後僵硬的情況特別嚴重，要替他更衣並不是那麼容易的事。好在換穿的是運動服，如果是穿學校的制服或西裝，恐怕很難直接穿上去吧。考量到作業的難度，我請家屬在更衣過程中暫時離場。

更衣結束後，家屬看到往生者換上熟悉的運動服，臉上頓時露出安慰的神情。

「爲什麼會這個樣子!?」「爲什麼會碰上這種事!?」在最後的送別儀式中，家屬仍不免哀慟哭喊，傾瀉心中的悲傷。

悲傷過後，情緒恢復平靜的父親交給我一面金牌，並說道：「我想把這個掛在兒子的脖子上。」那是在某次比賽中他奪得的傲人成績，對他及家屬而言，都是極爲寶貴的人生勳章。只是，我們這行有個規矩，就是棺木裡不可以放置難以燃燒的物品或不可燃物。如果掛在遺體的脖子上，出棺後就會直接進爐火化，因此，我跟家屬再三約定，出棺前一定要將這面獎牌拿下來，家屬同意後，我才安心地把獎牌掛在往生者的脖子上。

我們實在不知道自己會在哪個時候、以什麼方式死去。當時還很年輕的我，彷彿從躺在棺木裡帶著笑意長眠的往生者身上，看見了生死的奧妙，心中也對往生者及家屬有著難以言喻的同情和憐憫。

人生好似一場名爲「人生馬拉松」的長跑。

左彎、右彎、上坡、下坡，有時順風而行，有時逆風直上。每個人都得不顧一切地向前拚命奔馳。路線因人而異，但每條路上都絕非平坦順暢，淨是等待我們挑戰意志以及體能極限的崎嶇路。

沒有任何人能輕輕鬆鬆跑完全程。路上的競爭對手不是別人，是我們自己，並且是過去的自己。目標是跑完全程，只要跑完，都會獲得散發動人光芒的人生勳章。

從年輕跑到了年老，當終點在可見的遠方時，我們往往會回想自己跑過的路程，而那時我們的腦海中會浮現哪些回憶呢？哪段路是我們認爲自己跑得如金牌選手一樣精采、勇敢呢？

我想應該不會是順風上坡、在短時間內跑出好成績的那些旅程，而是遭受逆風阻礙、依然拚命上坡前進的時刻吧？即使常常落於人後、表現不佳，但最令人激賞和記憶深刻的，往往莫過於爲了生存努力奮鬥的那些曾經吧？

每個人都有早已寫下結局的命運與宿命。生命裡的一切皆是必然，沒有偶然。我們選擇的路是如此，生命的盡頭也是如此。並非跑完漫長的人生歲月、自然老死才算是跑完全程。不論是意外死去或是年輕早逝，都是完賽。儘管短暫得令人惋惜，但都不是輸家。那些早逝的生命絕不比任何完賽者遜色，沒有必要爲他們嘆息。

也許沒有人會認爲這位早逝的青年「跑完了他的人生路」，不過，在看盡人生無數生死的我，已漸漸了然「人皆有死，最重要的是用自己的姿態跑完人生。而死前那最後一抹淺笑是跑完人生路程的滿足，無關任何勝負。」

多年後的我仍忍不住回想，當年掛在那位青年脖子上的金牌，是象徵他努力跑完短暫數載人生馬拉松的榮光吧。

07 •

智慧的年輪

有次我前往某戶人家處理遺體，按照一般人的想法，屋子裡必定瀰漫著哀傷氣氛，然而，這戶人家卻不是如此。

一到現場，我看見天真無邪的孩子們滿場飛奔嬉鬧，大人們也正和久違的親友聊得熱絡，完全沒人出面制止孩子嬉鬧，絲毫不見喪禮常見的沉重氣氛，然而，這樣我反而比較好工作。

這個案子的往生者是一位年長男性。遺容帶著笑意，看起來十分安詳，孫子們和遺孀都圍在他身旁。一個年紀約莫小五、小六的孫子，開口問了奶奶許多問題。我一面做著手邊的工作，一面靜靜聽著。

「人死的時候會很痛苦嗎？」

「不會呀，你看，爺爺笑著呢！」

「人死了之後會怎樣呢？都去哪裡了？」

「大家都會去自己喜歡的地方哦，很多人都會去天堂喔！」

「不會寂寞嗎？」

「天堂裡也有很多人，所以不會寂寞哦！」

「奶奶會不會害怕死掉呢？」

「不害怕呀，因爲爺爺會陪著奶奶。」

「那人爲什麼會死掉？」

「……。」

聽到這個問題，這位奶奶不知道是一時語塞，還是不願回答，只見她始終默然不語。我不禁停下手邊的工作，看著那位奶奶。這時，她握住了死去老伴的手，轉頭問了我：「爲什麼人一定會死呢？」

面對突如其來的詢問，而且又是那麼難以回答的問題，我有些不知所措。我頓了一會兒，先說了句：「這只是我個人的觀點……。」接著淡然地回答：「我想是因爲要我們知道人的渺小吧！讓我們知道生命很可貴吧……？」

「……是啊。」這位奶奶回應著我。

小孫子聽完一臉茫然，她則是笑著聽我說完。

這純粹是我一個後生小輩的個人想法，真心回應這個沒有正確解答的問題。老奶奶靜靜聽著，沒有提出任何異議，讓我感受到歲月積累的從容通達。

「我作夢也沒想到，活到這個年紀，要跟他告別。」

「感覺他都不會死似的。」

「我們兩個度過了美好的人生啊！」

我聽著老奶奶吐露深藏於心的感受，默默點了頭。這些話重重敲入我的心頭，彷彿是人生前輩在人生盡頭前給予的提醒。

我想著樹木有年輪，人是否也有年輪呢？不管是小孩或老人，每一個人都有自己獨特的生命價值與生存方式，並留下屬於自己的痕跡。我也不禁想起了有人曾經對我說過的一句話：

「不要笑老，這是我們的必然之路；不要罵小，這是我們的來時路。」

08 •

人生好好活一次就夠了

有人來電詢問遺物處理事項。公司打電話給我時，我正在外頭處理事情，只能利用空檔回撥給委託人。

接聽電話的是一位年長男性，聲音非常微弱，感覺說話不太靈光。我猜他的年紀應該很大，於是拉開嗓門，一字一句慢慢說：

「我是XX公司，要回覆你詢問的遺物處理事項。」

「不好意思，這麼忙還麻煩你。」

「請問物品的數量有多少呢？」

「因爲生活很長一段時間了，數量還不少。」

「這樣啊！請問我可以找時間去府上拜訪嗎？」

「啊，當然可以。」

因爲與其問一堆讓這位年長男性傷腦筋的問題，還不如我直接到現場看看，於是和他約好時間上門拜訪。

約定當天，我來到一個公營的大型社區。穿過長長的走廊，終於來到委託人的家門前。雖然有對講機，上頭卻貼著一張紙條，寫著：「有事請進門。」

「讓人家隨便進大門？會不會太危險了？」我心裡一邊懷疑，一邊想起電話中男性委託人說過：「大門沒上鎖，請自己進來。」我再次確認了房間號碼與門牌後，便試著拉了一下門把，確實如他所說的沒有上鎖。我只拉開一條縫，把頭湊近屋裡。

「有人在──嗎？」我對著屋裡輕聲喊了一下，但一片死寂，毫無回應，只有自己的聲音在屋裡迴響。

「有人──在──嗎！」我實在很不想隨便拉開人家的大門往裡面偷窺。爲了不讓自己處於尷尬局面，於是又大聲喊了一次。

「來──了。」屋內深處傳來一聲回應，似乎是那位委託人出聲應答。我依然只把頭伸進門縫裡，報上姓名說明了來意，對方則要我直接進去。我只好在大聲問好之後走進屋裡。

「我在等你哦。」如我所料，委託人年紀已經相當大。他坐在廚房的椅子上，笑著迎接我。由於椅子上附著輪子，他便將它當做輪椅，滑到方便和我說話的位置。

「不好意思，我只能坐著招呼你。」

「不會不會，別這麼說。」

「最近腰腿都不行了啊。」

「很辛苦吧。」

「歲月不饒人啊——。」

他溫和地笑著，對於「身體自然衰老」顯得十分坦然。

「不好意思，請問您想處理的物品是哪一部分？」

「這屋子裡所有的東西。」

「咦！？全部嗎？」

「是啊！裡面如果有我孩子們想要的，他們可能會拿一些回去，不過，我想大部分都會處理掉吧。」

「您說想要處理『某個人的遺物』，請問是哪一位的呢？」

「其中有我死去老婆的東西。」

「好的。」

「我要拜託你處理的遺物，也包括我的在內喔。」

他除了想要處理亡妻遺留下的物品之外，也希望順便安排好自己的身後事。我發現自行安排身後事的高齡者並不少，所以我聽了也不覺得驚訝，加上這位委託人態度溫文和煦，更讓我覺得這是好事。

「你看，我年紀都這麼大了，也沒多少日子了，所以想趁現在安排好一切。」我知道還是有不少高齡者或病人對死亡避而不談，或許是多數人不愛說、也不愛聽這類話題吧，但是眼前這位老人卻一點也不忌諱。

「因爲我不想給兒孫造成麻煩。雖然這麼說，死了以後也無可奈何啊。」

「是啊。」

「所以才想趁現在處理好。」

「原來如此。」

「不過，話雖這麼說，我不確定哪一天可以整理，這樣會不會造成你工作上的困擾？」

「不會不會，沒關係。」

思考自己的臨終也許會讓人感到孤寂與恐懼，但絕對不會只有這些感覺而已；思考死亡應該會帶給我們意想不到的人生意義和全新體悟，這絕對不是毫無意義的事。我在心裡極力贊同他的想法。

我本來就很喜歡與長輩聊天，總會纏著他們問東問西，但也會提醒自己不要沒大沒小，失了分寸。不知道這位委託人是不是覺得「跟我很談得來」，他不但沒有面露不耐，還對我說起了自己的人生故事。

他現在已經九十出頭，自從可以靠年金過活，便搬到這個社區來。由於妻子早一步離開人世，這幾年都是一個人生活。

大男人一個人生活，雖然諸多不便，在體力尚可之前，他全都自己打理，不假手他人。雖有兒孫，但都分散各地工作，過著各自的生活。

兒孫偶爾會來探視或是電話問候，除非必要絕不造成彼此負擔，因而關係良好。至於經濟則是將開銷控制在年金負擔得起的範圍內，雖然無法過著奢華生活，但也三餐無虞。

然而，隨著年齡愈來愈大，身體也愈來愈衰弱。到了九十歲時，若是沒有照護人員幫忙，很難自行打理生活所需。最近幾年則是愈來愈依賴照護人員，體力也到了行走困難的程度。我去拜訪他時，他連站著都顯得十分吃力。

「您一個人生活會不會很辛苦？」

「是有一點。可是我不想換別的地方住。如果可以，最好突然有天死在這裡。」

在我看來，他實在不應該繼續一個人生活了。他自己也知道他不適合一個人生活，也明白自己所剩的時間不多了。聊著聊著，我不禁想像他一個人孤獨老死的情景。

可是我浮現的不是他所希望的安詳離世，而是我見慣的駭人場面，心裡頓時泛起不好的預感。

「死亡並不可怕，我最怕的是長期飽受病痛折磨。」

「是啊……。」

如果能如他所願，在住慣的家裡死去，不必飽受病痛折磨，對他來說也許是最好的結局吧，但這種情形有時可能會折磨那些尚在人世的家屬。

我的心裡暗自想著：「我懂你的心情，但我不建議單獨『猝死在屋子裡』啊……。」因爲他似乎完全不清楚人死後的身體會變成什麼樣子。一般人或許也跟他一樣，沒有仔細想過自己死後所留下來的身體。大概只考慮到「死的時候要穿什麼」以及「遺骸要怎麼處理」吧？很少人會想到身體會腐爛的事吧，所以才會輕易地希望自己死在家中。這種心願並非壞事，但遺憾的是，現實沒有那麼單純美好。

勘查了屋內情況，並與他聊過一番話後，準備離開前我告訴他：

「我回公司後會擬一份估價單，完成後會再跟您聯絡。」

「好的！我家大門都不會上鎖，如果有需要，隨時歡迎你來。」

「好的。不過，大門一直都不鎖，不是很危險嗎？」

「沒關係啦！上鎖又開鎖反而更麻煩。」

「最近世風日下，請多注意安全了。」

「什麼，這裡如果有值得偷的就讓他偷吧。」

我看著他臉上掛著豁達和煦的笑容，離開了我的視線。

如果沒有在現場交付估價單，通常我會視估價內容以郵寄、傳真或是電子郵件的方式寄給對方。我後來決定郵寄給他，但考慮到至少要先跟他說明所需的費用，於是撥了電話給他。

「一直沒人接……。」我一面想像他步履蹣跚前來接聽電話的模樣，一面讓撥號鈴聲繼續響著。可是，響了許久，他始終沒有接電話。我聽著話筒傳來的撥號鈴聲，心裡感到莫名的不安，腦海裡不禁胡思亂想。

「該不會吧……。」不祥的預感在我的腦袋裡盤旋不去，隱約浮現了晦暗陰沉的景象，那幅畫面甚至變得愈來愈清晰寫實。

「還是去看一下吧！」心裡七上八下的我，立刻驅車趕往這位委託人的住處。

「真是急死人啊……。」不知爲何這種時候紅燈和塞車情況就會特別嚴重。我握著方向盤的手滿是汗水，視線不停望向窗外，也許只有我這種看慣死亡的人，才會認爲遲遲未接電話就表示很可能已經往生，腦海裡也不斷湧現他在屋內變得僵冷的情景。

由於他的照護人員兩天會來探視一次，就算已經死亡，也應該兩天之內就會發現。但如果是在夏天，也萬不可小看兩天的威力，但幸好那時是冬天，遺體嚴重腐壞的可能性降低不少。只是即便是冬天，暖氣一樣會嚴重損害遺體。尤其是暖爐桌、電熱毯、電暖被造成的影響最大。

我不禁胡思亂想，遺體還在暖爐桌裡，結果上半身比原來浮腫了好幾倍，下半身卻呈木乃伊狀態；或者遺體在電熱毯上被烤焦了；或是遺體還裹在電暖被裡，整個呈發酵分解狀態……。

我甚至沒有心思多想：「別人會不會誤以爲是我殺了他？」第一次拜訪他時，因爲不清楚社區的格局，花了好一番工夫才找到，這次我就像「走自家廚房一樣」，一下子便來到他家門前。不知道是不是跑得太急或心裡緊張，我的心臟噗通噗通猛跳，氣喘吁吁地站在大門前。

「如果他真的死了，我也會跟著上警察局吧。」畢竟我若是第一個發現的人，難免會遭到懷疑。我壓抑胡思亂想的心，將手放在門把上。

「啊！門沒鎖……。」和上回一樣，大門依舊沒有上鎖。換句話說，他在裡面，我戰戰兢兢地拉開了門。

「有人在——嗎？」

我帶著微微顫抖的嗓音問著，不時聞著空氣中的味道，但嗅覺因爲太過緊張而麻痺，無法察覺屋子裡到底有沒有惡臭。

「還是進去看看吧……。」由於屋子裡一片死寂毫無回應，我不禁感到有些害怕，猶豫著到底要不要闖進去。非法入侵民宅、竊盜嫌疑、殺人嫌疑……，這一籮筐罪名令我頭皮發麻，頓時呆站在現場。

「咳！咳！」過了一會兒，屋裡傳來聲響。仔細一聽，似乎是男人咳嗽的聲音。「嗯？還活著？」屋裡傳來的聲音確實是人聲，而且是委託人發出來的。「太好了。」我簡直就像「心裡放下一顆大石頭」一樣，用手撫著驚嚇過度的胸口。

「您好！不好意思，打擾了！」我用他聽得到的音量大聲問候著，喘了一口氣後關上了大門。他躺在屋子最裡面的和室床上，雖然是白天，窗簾卻緊閉，使得屋內昏暗，瀰漫著一股濕氣。他一看到我，隨即露出笑容，向我揮揮手。

「您感冒了嗎？」

「沒有，我的肺本來就不好……。」

「肺部嗎……？」

「不是肺結核，放心，不會傳染的。」

「沒關係，我不擔心這個，不過，我擔心的是另一件事。」說話途中他不時夾雜劇烈咳嗽，雖然可以正常交談，卻始終沒有從床上起身，看來他的身體明顯不適。

「我打了好幾通電話給您，可是您都沒接……。」

「電話？你有打電話來嗎……？」

男性一臉驚訝地拿起枕邊的電話分機，我也拿出手機對照他家中的電話號碼，確定自己沒有打錯。我直接撥打電話，手機裡頭確實傳來撥號鈴聲，可是家中的電話卻無聲無息，只有液晶螢幕和撥號鍵盤閃爍著。

「我打了，可是怎麼沒有響？」他笑著看我錯愕地檢視手機與家用電話。他把電話的鈴聲功能關掉了。因爲之前好幾次都在睡覺時被無關緊要的電話吵醒，爲了讓自己好睡，才把鈴聲關掉。

關掉鈴聲後，電話雖然不會響，但是主機和分機都會閃爍發亮，所以也不會造成不便。我打電話來時，想必也是這樣吧。睡覺或是電話沒擺在身邊時，就不會注意到有人打電話來，所以才會沒接我的電話。

看著無力橫躺在床的他，我猶豫著到底要雞婆地上前幫忙，還是保持距離，讓他自己行動。他身體雖然衰弱，但精神看起來還算不錯。不管怎麼說，看到他還活著實在非常開心。只是，我實在無法放下他不管就回去，於是決定在照護人員來之前陪他。

我本來就愛跟老人家聊天，聽聽人生前輩分享寶貴的人生經驗。一開始他慈祥地聽我說話，最後不忘給我人生經驗的指引，我也將他說的每句話深烙於心。

「不過，人實在很難一下子突然死掉，現在睡覺時很容易會想東想西，特別是一想起自己小時候，還有年輕時，就特別懷念。但是，我不會想要回到年輕時的我。」

「是嗎？」

「人生啊，活一次就夠了。要是可以活兩次、三次，就不會努力活下去了吧？」

「是的！」

「有努力活過，才叫做人生啊！我已經比我父親死時的歲數多活了十年，已經很感謝了。」

他侃侃而談，不見任何悲傷的情緒，滿是豁達，表情平靜溫和。當我和他天南地北聊得正起勁時，照護人員也準時出現在我們面前。

「見到您真好。」回去之前，我對他說了這句話才轉身離去。當時，我心想可能再也不會見到他了，而他應該也是這麼想吧？瘦削的臉龐綻開了笑容，目送著我離去。我和照護人員交了棒，就此離開他家。

幾天後，我從照護師口中得知他的近況。據說那天過後，由於沒辦法繼續放任他一個人生活，儘管他不想離家，還是將他轉到醫院療養。而他的情況時好時壞，一天比一天衰弱。

不久，我便來到他家整理物品。

他走了。

這裡雖然是公營住宅，但是和租來的房子一樣，無法慢慢整理。我沒有時間靜靜緬懷他的死亡，只能匆忙安排工作，動手清理。記得那時，正值寒冬過後、春暖花開的季節。

我認爲思考「死亡」，尤其是自己的死亡，是一件非常有意義的事情。當然，無須因死而變得短視近利，深入思考後，自然會得到平靜的心。

從事這份工作的我，也許無法從一般工作得到人生的體悟，又我如果從事一般的工作，可能會失去人生重要的東西吧。我藉由面對死亡，得到了無數的人生體悟，這對我來說或許是任何東西都換取不來的寶物吧。但和這位豁達的長者相比，我對死亡的領悟，實在顯得膚淺。

我的人生終日與「死亡」爲伍，但我卻無法透徹如他。或許是因爲我年紀還輕，也沒有生過一場大病，所以無法通透地體會吧。然而，當我與這樣的人相遇，並且放入真情相待時，卻能感受到直接正視死亡的力量，讓內心的那道光照亮幽暗不明的此刻，爲人生注入力量，活在每個當下。

「他是否是笑著離開呢？」在這空蕩蕩的屋子裡，僅存著深烙在我腦海裡的記憶，以及這位委託人以澄淨的笑容對我說著：「人生啊，活一次就夠了！」

09 •

別成為外鮮內腐的人

我其實是個悲觀的魯蛇，尤其到了冬天，往往從早上開始就被悲觀的思緒纏繞著。

雖然我常常想用清朗的心情面對每一天的開始，但很少能如此。多數時候的早上，我的心總像是被憂鬱的繩索綑綁，無力欲泣地從被窩中爬出。

一天中最讓我期待的往往是吃飯和睡覺。對於不菸不賭、沒時間，又沒有什麼興趣的我來說，這是生活中最美好的時刻。

我愛吃的食物不少，不挑食的我也愛吃生魚片。不過，我小時候卻吃過鯖魚的苦頭。人們常說鯖魚是「外鮮內腐」的食物，所以自古以來日本人似乎就沒有生食鯖魚的習慣，甚至有句俗諺形容鯖魚「還活著就開始腐壞」，可見它有多麼容易讓人吃壞肚子，所以我到現在還沒吃過生的鯖魚。雖然常想著「總有一天要吃吃看」，但我去的都是偏僻的廉價居酒屋，那種店裡根本沒有賣新鮮的鯖魚生魚片，而如果我繼續做現在的工作，我想我大概永遠沒機會吃到吧。

「算了，或許現在這種生活也別有一番滋味！」我總這樣自我安慰。

「請你盡快過來。」

突然接到一個請我去搬運遺體的工作，地點是醫院，內容是把過世的病患從醫院運回自家裡。我匆忙準備了一下，便立刻衝往現場。

當我趕到病房，往生者已經斷氣了一個多小時。我看見床上長眠著一位身材瘦削的年長女性。她的臉上沒有蓋著白布，有幾位家人相擁啜泣，有一位像是往生者丈夫的年長男性站在一旁，目不轉睛地瞧著往生者的身影。

「我來的太早了啊……。」我心想他們或許一時之間還沒能從親人離世的情緒中抽離，病房裡瀰漫著一股無法接受「殯葬業者」到場的凝重氣氛。我也十分尷尬，覺得自己就像「不請自來、不識相的不速之客」。

和我一起來的護理師也不發一語，猶豫著是不是要對哀慟逾恆的家屬說出該把遺體搬出去的話。我們心照不宣地退到病房外的走廊，等待家屬的心情平靜下來。

「媽……媽……。」大概是少了我和護理師這兩個外人，家屬也不再顧忌，很快就聽到病房裡傳來淒厲的哭喊。我和護理師在門外聽著，什麼事也無法做，只能低頭默默等候家屬抽離悲傷。

「……對不起，讓您久等了。」過了不久，病房裡的哭聲漸漸平息，一位男性出來要我們快點把往生者搬出去。

「咦!?」當我碰觸往生者的遺體，發現並沒有出現死後僵硬的情形，背部也殘留著體溫，這種情況反而會令人懷疑往生者爲何沒有了呼吸，只是她的口鼻已經飄出了遺體特有的異味，家屬似乎也聞到了這股味道。

通常我會盡快冷卻遺體，但面對這種情況，心裡卻有幾分猶豫。因爲把乾冰放在還有餘溫的遺體上，很可能會對那些正在傷心至親離去的家屬造成二度打擊，但是不這麼做的話，又會讓遺體腐壞得更嚴重。我無法一個人承擔如此重大的責任，只好要家屬自己決定。

「剛剛才過世的，異味已經這麼重了啊……。」

「是啊……。」

「不過，這也沒辦法……，癌細胞已經轉移到全身，她的身體早在活著的時候就已經腐壞了……。」

往生者的先生如釋重負般地說出心裡的感受，可以想見，往生者和長期照護他的家人不論是在精神上，還是身體上，必定都受盡了病魔的折磨。儘管離別令人哀傷，但是對往生者和家屬來說，此時不都是從痛苦折磨中獲得解脫的一刻嗎？

而他那句「她還活著就已經開始腐壞」的話卻深深震撼了我，只是，我有著不同於他的另一種詮釋。

某種角度來說，人也是一種生鮮物體，不只是身體會失去鮮度，就連我們的精神也很容易枯萎、腐壞。遇到不如意或煩心的事情時，精神很容易就會萎靡不振，失去活力。所以，我常想如果世界上有一種能讓人類的精神心智永保活力的保鮮劑就好了，可惜沒有。但如果問我什麼可能具有類似的效果，我想或許是了解生命是有限的吧。

每個人都必然迎向死亡，但我們可以選擇人生的每個當下，究竟要活得萎靡不振或是神采奕奕？我想基本上沒有人想要浪費大好時光，過著萎靡的生活，但卻又無法讓自己鬥志高昂、永保活力。

看過無數死亡的我，總覺得深陷委靡不振的泥沼時，不妨「把每一天都當成是人生的最後一天」來過，甚至可以拉長到一星期、一個月、一年。雖然每個人的情況不同，但將每天當成最後一天來過的「保鮮思維」倒是很能提振人心，把握當下。而要讓這種想法不只是流於「假設」，就必須下定決心，相信心靈的巨大作用。

我在痛苦的早晨總是這樣提醒自己：

「不要想太多……。」

「先好好過完今天。」

「把全副心力放在今天吧。」

「盡力過好今天就是成功。」

我們生來帶著一身容易腐壞的肉體與精神，而我們究竟能讓自己的人生活得多麼飽滿昂揚？我相信，我們多奮力，就會看見多美好的人生。人活著確實應該盡情享受人生的美好滋味……。

嗯！今天也要在心裡注入一道保鮮劑，好好過完今天，和下一個、下下一個今天！

10 •

死是另一個開始

接到有人委託我前去特殊清掃。地點位於一處狹窄巷弄交錯的地區，附近的道路窄到僅能勉強通過一台轎車。

『

案發現場是一間深藏於巷弄深處的獨棟老屋，與對面的屋子幾乎沒有棟距，緊密相連的程度讓人幾乎誤以爲兩間屋子是同一棟建築。

乍看之下，這只是一棟普通的透天厝，當初以爲地點是一處公寓，所以一度以爲自己找錯了地方，但仔細一看，才發現這棟建築物設了一道通往二樓的戶外樓梯，可以想像二樓很可能是出租給其他人住。

往生者的房間就在二樓的某個房間。還沒上樓，一股熟悉的惡臭便竄進我的鼻子裡。按慣例我先去到一樓的房東住處打招呼。一樓大門也同樣老舊，別說對講機了，連門鈴都沒有。我只好敲門找人，但卻絲毫沒有動靜。

於是我在門前打了通電話給房東，聽著手機裡傳來的撥號鈴聲和屋子裡的電話鈴聲互相唱和，等著對方接電話。幾十秒後，終於有位年長的女性接了電話。

我說明來意後，女房東要我自己打開大門，並催我快點進屋。我原本以爲在大門口談即可，但是對方的腳似乎不太方便，只好照她的指示進屋一聊。

二樓的惡臭似乎已經飄到一樓，儘管濃度並不高，但依然能在女房東的家中聞到。不過，她似乎不以爲意。當我以理解且同情的口吻對她說：「味道還滿重的哦……。」她只冷冷地回了我一句：「誰死了不會腐爛啊。」被她這麼一回，我只能尷尬無言地坐在客廳的椅子上。

據說第一個發現的人是搬家公司。但惡臭其實早在好幾天前便飄出來，只是房東和左鄰右舍一直沒有察覺味道是從樓上而來，就這麼過了好幾天。最後竟然是搬家公司因爲搬家前一天仍然聯絡不到往生者，才覺得事情可疑，前來察看。

往生者是一位上了年紀的男性，已經住在那間公寓二十多年，對於他的死女房東似乎感觸良多，因爲兩人的關係已經不是單純的房東與房客而已，更像是家人。

兩人相處雖然融洽，但往生者生前仍準備搬離此處，也與搬家公司聯絡妥當，敲定了搬家日期。不過聽說不是往生者主動要搬家，而是女房東考慮到自己的未來，才提出這樣的建議。

女房東意識到自己年事已高，身體狀況一天不如一天，房子也愈來愈老舊，遂開始考慮身後事。她希望死後不要造成繼承此屋的孩子，以及房客們的困擾，於是決定收掉租屋業務。女房東要往生者趕緊另覓住處，往生者也明白女房東的考量，於是一方面思考自己的去處，一方面和女房東討論自己下半人生的打算，著手安排搬家事宜。

這位往生者沒有太太，一直過著單身生活，似乎很滿意租房子過日子的人生。只是當他開始考慮身後事時，就決定不再租屋，要買一間屬於自己的房子。

他後來買下一間中古大樓的房屋，地點就在公寓不遠處。看得出來他非常喜歡這裡，所以，當他找到自己負擔得起的公寓後便立刻買下來。

死亡現場是一個頂多四個半榻榻米大的狹小空間，裡頭沒有浴室，廁所也設在屋外，只有一個小小的流理台，小到連瓦斯爐都沒地方放。感覺像是一、兩個世代以前的老建築，完全不適合現代人的生活起居。

不用說，房間裡瀰漫著強烈惡臭與悶熱，眼前則是一片慘不忍睹的景象，現場孳生了大量蛆蟲和蒼蠅，令人很難想像這是當初往生者希望「長居久安」的地方。

人型的污染痕跡佔據了房間的大半，那片痕跡甚至不是平面的，而呈現立體狀，顯示出遺體腐敗的程度有多嚴重。頭部遺留下來的痕跡甚至還摻雜大量毛髮。看著那堆夾雜白髮的髮束，我腦中不禁浮現往生者的年齡與模樣。

屋內沒有大型家具與家電，家當及生活用品也不多，只有許多打包好的紙箱堆放在四處。如女房東所說，往生者生前正準備搬家。

確認過屋內情況後，我再回到一樓的房東住處，只向她描述屋內需要清掃的狀況，對駭人的場景完全避而不談。女房東十分冷靜地聽著，對我的說明似乎一點都不在意，只是頻頻點頭。

「發現腐爛屍體」往往會使許多人陷入一陣慌亂，更何況是必須面對可怕現場的房東。然而，這位女房東並沒有顯出任何驚慌或是嫌惡，反而坦然接受眼前的一切。

往生者好不容易買了房子，卻在搬家前一刻過世，讓我不禁感到人生無常、世事難料，神情凝重地望著這個無常之地。然而，那位女房東卻是一臉平靜。

「○○（往生者）先生啊，他已經搬到很棒的地方去了。因爲他活得很努力，上天才會對他說『你很努力啦』，把接他到天堂去了。」她喃喃地對我說。看我無言以對，又滿是慈愛地開導我：「等你年紀再大一些，就會明白了。不過，人生實在很短，做任何事情一定要想清楚才行哦！」

每個人對於死後的世界或許有著不同的想像吧，但多數人總是認爲「死＝無」，很難理解女房東的反應。但我能理解，並不是因爲我原本就抱著「死≠無」的想法，而是女房東對人生的體悟讓我了解人生此行最重要的事。

我們終究會移往另一個世界，但我們無從得知會是哪一天、會以何種形式離開。我們也許無法輕鬆等待那一刻的來臨，也沒辦法做好心理準備，但我們絕對可以在活著的時候記住這一天終將到來。如此一來，我們的每一天都會獲得新的體悟、新的歡喜。

什麼是我們最該珍惜的？不就是身邊最親近的人嗎？我們又應該爲他們做些什麼呢？我認爲給他們最好的禮物，就是我們在死前全力奔馳的滿足模樣吧。

儘管這個世界常常讓我們猶如置身地獄，但那位女房東所說的天堂之路，也許正是來自那樣的人生態度吧。我也一直如此相信著。

第三部

勇氣

11 • 面對才能看見太陽

某家不動產管理公司委託我估價處理一件自殺腐屍現場。死亡現場位於所謂的高級住宅區。死者是一位中年男性，死因是上吊自殺，據說是爲負債所苦而走上絕路。

就算管理公司負責的人員沒說，我也能從屋內四散的信用卡帳單及貸款的催繳單，輕易猜到自殺原因。

儘管這棟公寓大廈的屋齡不算短，不過，周遭環境透著一股高級感，確實是一棟會讓人覺得「要花不少錢才能買到」的建築物。

由於得和管理公司的人一起會勘，我一如往常前往案發現場。到達時管理公司的負責人員已在大門外等候。除了遺體腐爛的痕跡與難聞的腐敗惡臭以外，屋內並沒有其他異狀，有的只是凌亂而已，當然，每次都有的蛆蟲和蒼蠅還是一樣多。

估價若要精準，就必須從房間各個角度勘察需要清掃的範圍和細節才行。要是估錯了一個地方，就得虧錢工作了。

我們公司只估價一次，確定金額後，就不會在作業途中或作業結束後挑三揀四，追加費用。現場的清掃工作自然是力求乾淨俐落，金錢往來也絕不拖泥帶水！

當我在勘查這個位於高級住宅的房間時，不經意地瞥向房間內的書櫃，刹時突然看到一份寫著專有名詞的文件，那是只有極少數特定人員才知道的資料，而我就是這少數人之一。

我當下有些吃驚，心想：「爲什麼某某人的資料會在這裡？」心裡不禁泛起不祥的預感，在我喃喃說著「不會吧」之時，不由緊張地環視起四周，發現屋內擺了好幾個相框，看到照片裡的人，我震驚不已！

「這不是○○先生嗎!?」我把好幾張照片拿到眼前一張一張確認了好幾次。照片裡的人，確實是我認識的人！

當下心臟一陣猛跳，一直默禱：「不會吧！應該是認錯人了!?千萬不要是那個人啊！」我著急地想，拚命尋找可以確認名字的東西。我很快找到了名字，頓時覺得渾身無力。很遺憾地，往生者真的是他。

當下的我心情一片混亂，甚至覺得喘不過氣來！

我和這位往生者並不是那種好到經常出遊的朋友，我們當時因某個朋友而結識，曾幾次和彼此認識的友人一起吃飯聊天。不過，在這之前我們已經好幾年沒聯繫了，直到這次工作才赫然發現他竟然自殺了，過去和他相處的時光剎那間一一浮現，歷歷如昨。

記得那時的他有著令人稱羨的工作，不僅出門以名車代步，對自己住在高級住宅區也毫不隱藏，自豪又自信。他經常高談他的豐功偉業，對自己的能力和人生都充滿自信。由於我們的年紀有段差距，他對我說話的態度有些高高在上，老實說，不是我喜歡、景仰的那種人。只是，我有時會心生羨慕之情，希望自己有天也能在經濟上、地位上像他一樣光鮮亮麗。

然而，那個人，如今卻上吊自殺了。

在我眼前的甚至是他遺留下來的大片腐屍痕跡，成群蛆蟲與蒼蠅在上面亂爬、亂飛。我長久以來引以為豪的專業自信似乎也在這瞬間跟著瓦解動搖。何況，得由我親自替他處理身後事⋯⋯。我實在很想趕快逃離現場，忘了那幅殘酷景象。

當天我像是失魂般地勉強估完價，隨即匆忙離開現場。回家路上一直反覆掙扎著：「我不想接這份工作⋯⋯。」

我當然沒有跟請我去的管理公司說往生者是我熟識的人，也不打算說。別說是管理公司了，我根本不想對任何人提起這事。但是，不管願不願意，這股排山倒海而來的抗拒感早已超過我內心所能承受的限度了。

不跟人傾訴的話，搞不好會崩潰，可是，這種工作能向誰說，也不能說⋯⋯。這種感覺既不是同情，也不是悲壯，更不是失落，總之一種難以言喻的沉重情緒壓在我的內心，讓我鬱悶沮喪了好幾天。

當初不知道多少人羨慕他的經濟能力和社會地位，但他最後竟然爲錢自殺。我該如何接受並消化這個殘酷的現實呢？它像一團不知名的異物卡在我的心裡，讓我的內心消化不良。

或許我需要時間才能消化那股巨大的衝擊。一直自認自己在工作上累積了不少專業經驗，也是身經百戰、禁得起任何打擊的老手，但是，面對舊識的死亡，我才發現自己有多脆弱。

最後，我無奈地接下這件特殊的清掃委託，動手清理現場。

雖然內心很抗拒這個工作，不想去，可是，工作歸工作，我必須對委託人負起責任，既然收了錢，就要展現專業的工作態度，這才是負責的做法。除此之外，我也告訴自己，「絕不可以逃避人生的現實」，我的責任就是透過專業，協助委託人處理死亡現場，怎麼可以臨陣脫逃？委託我的家屬和相關親友，就算想逃避也無法不面對，不是嗎？

所以，到了現場，我全心投入工作，不自覺地比平常更快完成工作。

清理過程中，我盡量不去看照片，也刻意迴避可能寫有名字的物品。

平時，我總是不帶任何情緒，專業地進行清掃工作，但是這次，沉重的氣氛與前所未有的感覺在我心中來回翻滾攪動，我萬萬沒想到往生者是熟人的心情竟是如此沉重。

這麼說或許很失禮，但這件事讓我開始真切體會家屬的心情，或許這對我來說是一帖人生良藥吧，我也因此意識到自己的脆弱。

我更同時深刻地體悟到：「即使對人生自信滿滿、引以爲傲的人，仍有可能以這種悲慘的方式迎接人生的終點」，也了然「人生無常、世事難料，表面所見的一切並非事實真相」的人生之理。

我多少能理解自殺者的心情。這麼說或許有點不負責任，但當你對人生有不好的念頭時，不妨先呼吸一下空氣、吃點東西，即便命運如天氣，時陰時雨，但有時不逞強、放過自己，或是再咬牙一下，或許就會在意想不到的地方遇見久違的陽光。

有時人生明明還有好幾條路可以走，卻會因爲我們無謂的自尊、面子或任性，而阻礙了自己的步伐。

人生只有壽命長短不能由我們決定，即使我們奮力想活，但命終有時，半點不由人。但看過無數死而不得其所的人的我總認爲，人生在世，就要努力活著，直到最後一刻來臨爲止。

12 •

那些奮鬥過的痕跡

「有人在我們管理的大樓裡過世了！」下午接到一通委託我前去清掃的電話，這家不動產公司打電話來時，我才剛結束一件艱苦的工作。拖著幾乎快累癱的身體，我又立刻從剛清掃完的現場前往對方所說的地點。

來到現場，發現這是一間位在狹小巷弄深處的小公寓。外觀看起來相當老舊，我疲累不堪的身體，總覺得這棟建築物透著一股陰森氣息。

「非常感謝您在百忙之中前來。」大樓負責人一開口便感謝我的前來，或許是看到我身上穿著滿是污穢的工作服，以及泛著油光的一臉疲憊吧。

「哪裡，別這麼說……。」雖然我快累翻了，但我還是只能把真心話吞回肚子裡，勉強裝出精神奕奕的模樣。

「往生者是上吊自殺的……。」負責人指指屋子，難以啓齒似地說著。臉上神情陰暗，眉頭深鎖。

「這樣哦……。」我不知道是否該顯出驚訝的表情。雖然不知道往生者自殺的原因，但對這種情況我早已習以爲常（麻痺？），所以也只是淡淡地回答著。

「你還好吧？」負責人的臉上露出對自殺後腐爛遺體的厭惡。從他的表情看來，這個案子的情況應該相當駭人。但如果在意這些，我根本沒辦法工作（也沒飯吃）了，所以只能沒有反應地面對委託人的解說。

「在二樓嗎？我先去看看情況。」我將這天僅存的氣力，灌注在這副沉重的身軀上，給自己打氣後，隨即邁開腳步，走向鏽蝕的樓梯。

往生者是一位有些年紀的男性。約莫三年前搬到這間公寓，那時他已無工作。雖然不知道原因爲何，但據說晚年是依靠社會津貼過苦日子。

屋裡簡陋的陳設說明了一切，裡面有著厚厚一疊賽車、賽船與賽馬的投注單。廚房也有成堆的酒瓶，菸灰缸裡的菸蒂多到如盛開的花朵。感覺他的窮困與他隨心所欲的生活方式不無關係，但我的心裡卻有些不吐不快之感。

社會津貼的資金來源是稅收。辛勤揮汗工作的人民繳納的稅金，卻被不工作、只知吃喝玩樂的人拿來當生活費。如果硬要說「吃喝玩樂的人也有基本人權」，我也沒辦法。但是，拿別人辛苦工作的錢吃喝玩樂，不覺得是件矛盾的事嗎？

當然，不了解事情真相便認定往生者是「不當領取社會津貼的米蟲」，想必他若地下有知也會氣得跳腳吧？再說，不清楚往生者的經歷便妄加批判，也是草率膚淺的行爲。我們確實需要建立一套由全體社會保護弱勢族群的機制，這是很重要的社會救助思維。只是，我還是認爲現行的弱勢族群定義與救濟方式仍存在許多問題。

「竟然就這樣走了（自殺）……。」我的心裡甚至想譴責往生者，甚至湧起一股幾近憤怒的感覺。

「工作！工作！」太多想法只會讓疲憊的身心更加不適。我很快把腦袋切換到工作模式，開始仔細察看室內情形。

走進屋內後，我不禁心想「男性」這種生物，是否根本不存在整理、收拾、清掃的ＤＮＡ？這裡和許多獨居男性的屋內情況一樣，實在髒亂不堪。

「是這裡吧……。」廚房與房間交界的地板上，有一灘褐色的體液污漬。不用說也知道，上方就是往生者最後的所在位置，看來死意相當堅決。

從污染痕跡往正上方察看，發現柱子上有螺絲釘，而且是好幾根釘在一起，這是上吊現場經常看到的情形，爲了不讓繩結鬆脫，才釘了這麼多釘子。

房間的牆上貼著月曆。一般人都是把一年份的月曆整本掛在牆上，往生者卻不一樣，是把一月到十二月的月曆一張一張撕下來，在牆上橫貼成一排。

「這是什麼記號？」我不禁好奇地想。

仔細一看，每一個日期數字上都劃著「○」「△」「╳」記號，其中並沒有一定的規律。往生者每一天都劃一個記號，是賭博的輸贏？工作的有無？或是金錢的狀況？我揣測各種可能性，卻無法想通其中的意義。

最後我猜想那是往生者紀錄心情，或是內心交戰的符號。如果當天心情不錯，達到自己的目標就劃「○」，如果心情普通，無法克服軟弱的內心就劃「△」，如果心情憂鬱，諸事不順就劃「╳」，我如此推測著。

「看來他過得很辛苦。」快速地掃過每一張月曆，我發現上面的記號絕大多數都是「╳」，「△」的數量一般，而「○」只有零零星星幾個。而且，有時候一連好幾天都是「╳」，看得出來往生者的日子過得相當辛苦。

「嗯!?」我看了一會兒，發現除了「○」「△」「╳」以外，還有被誤以爲是「╳」的斜線「／」。仔細觀察後，發覺到某一天爲止，所有日子全都劃上了「／」。

「該不會吧……。」不難想像這些斜線代表什麼意思，但我實在承受不了突然湧上心頭的空虛感與疲憊，不由得吐出了無力的嘆息。

簡單說，成了生死之界的「某月某日」即是警方推估的死亡日期，也就是往生者終結生命的日子。他是不是從以前便決定在這一天結束生命？或是把這一天當成人生轉捩點，準備重新振作？但最令我驚訝的是，這一天正好是往生者的生日。

「他已經盡力了啊……。」我發現房間裡有好幾張履歷表、警衛用的螢光棒、工地用的安全帽、又髒又皺的工作服，這些散亂的物品在在顯示了往生者與生活努力奮鬥的痕跡。

「換做是我，可能也沒辦法這麼拚吧……。」我的腦海不禁出現自己和他面對相同際遇的潦倒景象，那一刻我不再有一開始對他自殺的不滿與憤怒，甚至有著無限的同情。

這位往生者活著的最後一天並沒有劃上任何記號就離開了。是因爲已經不在乎了嗎？還是不知道該劃什麼記號？是想劃「○」，但是那天一點也不如意；想要劃上平靜的「△」，可是內心一點也不平靜；或是那天過得很灰暗，但又不想劃上「╳」……。我不斷猜想往生者死前最後一刻的內心糾葛，這些記錄生活奮鬥的痕跡，讓我再次體會到人生的無奈與命運的哀愁。

理想的人生當然每天都是「○」，但現實生活中不可能如此，一定會有畫「╳」的時候。就算竭盡全力奮鬥，但有時「△」就已經是我們的極限，「○」仍在未知的遠處，向我們招手，而且有時我們才放鬆一下，人生立刻就跌落了劃「╳」的低谷。

然而，看盡生死的我總認爲，人生並非與別人競爭的最後總分，而是自己和自己比賽每一天、每一分、每一秒是否比前一刻更好、更快樂。努力的那瞬間，就會換得將前一天的「╳」重新歸零的禮物。

「連著死者的份，努力活下去吧。謹記他教會我的事，勇敢地活著吧。」當天回家的路上我不斷這樣告訴自己。

13 •

破殼就能看見世界的光

「蛆殼」是蒼蠅的蛹殼，或許它還有其他更正式的名稱吧。工作時我往往會在現場看到滿地的蛆殼，有時多到連一處站立之地都沒有。當中有羽化後留下來的空殼，也有無法順利孵化所殘留的蛹屍。同處一室裡，卻有著截然不同的命運，有的蛆蟲能羽化，有的卻不能，即便我成天和一大堆蛆蟲、蒼蠅生活在一起，也不明白其中的差別爲何。

擁有相同的外在條件，但能否順利成蟲也許就和自身擁有多少生命力有關，而能否突破蛹殼，命運便如天差地別，這一點，或許和人類相同吧？

接到一位男性深夜來電，電話中他戰戰兢兢地說道：「我家裡積了很多垃圾……。」不知道是因時間太晚，還是要說的話難以啓齒，這位男性的聲音聽起來有氣無力，我只好讓他慢慢說。

「有人要來定期檢查火災警報器，如果在那之前不清理乾淨就糟了。要是發現屋裡一大堆垃圾，一定會把我趕出去的……。」他似乎猶豫著該說什麼，所以沒有明確表達請求。在沒有提到要我去現場視察情況下，就結束了這通電話。

隔天早上，這位男性再度打電話來。說話的內容比上一次具體多了，但聽起來依然有所保留。不知道是個性使然，或者另有隱情，我可以感覺到他似乎深陷煩惱，有話想說卻又難以啓齒。我所能做的，就是順著他的話問出需求。然而，他還是沒有提到要我前往勘查現場。

隔天我又再度接到這位男性的第三通電話。

因爲不是第一次打來，加上他的遲疑讓我反而無法對他置之不理，所以還是耐著性子聽他說完。所幸，第三通電話他終於要我去現場勘查了。

這位委託人的家是一間普通的小套房。站在大樓入口的他，對著開車到來的我打了招呼。雖然是第一次見面，但因爲之前已經在電話裡聊了許多，因此我們簡單寒暄過後，便直接前往問題處察看。他在電梯裡顯得相當緊張，語氣吞吞吐吐，眼神也猶疑不定。明明天氣不熱，卻不自然地冒汗。

一路上，他猶如小偷要進屋行竊似的，東張西望、不斷打探四周圍是否有多餘的視線。確定沒人注意之後，才迅速打開門鎖，但出現我眼前的竟是一座垃圾山。

我知道當下我如果顯出驚訝的神色，很可能會讓他不自在，於是只好勉強擠出笑容，看著眼前那座垃圾山。

「我有試著整理，但還是沒辦法清乾淨……。」

「這也沒辦法啊。」

「這樣來得及清完嗎？」

「沒問題，這種情況只要半天就能清完了。」

「真的嗎!?」

「嗯，我保證。」

時間緊迫的壓力似乎重重落在他的肩頭上，自暴自棄地說著自己的擔憂。所以，當他聽到我的回答後，非常驚訝地抬起原本低垂的眼睛。

「這些積了幾個月了？」

「一年……半左右。」

「還好嘛，感覺沒那麼久……。」

「我身體有一點狀況……，這些垃圾是從那之後開始的。」

他沒有說出病名，但我了解那是什麼病。爲了避免破壞逐漸熱絡的氣氛，我也避而不談。

「請問費用大概多少？」

「從這種情況來看，金額應該會不少喔。」

「是喔……。」

「嗯……差不多XX萬日圓吧！你是否有困難？」

「嗯……。」

不知道是他見我有種「同路人」的親切感，還是認爲「從實招來」才是上策，這位委託人終於向我坦白說出他的情況。

這位委託人年約三十出頭。高中畢業後離開鄉下老家，到東京就讀大學，畢業後即在一家知名企業工作。

他說，上班族的生活雖然和他想像中不太一樣，但一開始還算一帆風順。只是過了一、兩年後，原本好夥伴的同事們便漸漸成了競爭對手，不如人的工作表現使他成了職場弱者，經常遭受霸凌，這樣的工作侵蝕著他日趨消沉的身心，身體也跟著出了狀況。

漸漸地，他向公司請假的次數也愈來愈多，公司上下都勸他主動離職，在這樣的情況下，他終究待不下去，只得遞出辭呈。

雖然擺脫了使他身心受創的工作環境，但他的病情卻沒有好轉。而且情況反而更加惡化，醫師甚至建議他住院治療。此時雪上加霜的是，他因害怕逐漸淡忘的自卑感再次被揭開而遲遲不敢展開求職，內心也出現愈來愈巨大的失落感，屋裡的垃圾也愈積愈多。

雖然身陷困境，但他不想讓日漸年邁的雙親擔心，又沒有朋友可以傾訴，就這樣持續了很長一段看不見未來的苦悶歲月。

「身體現在已經沒問題了嗎？」

「還在定期看醫生、吃藥……。」

「這樣啊。」

「我很怕去人多的地方……。」

「我能理解……，因爲我也是如此。」

「我以爲你會說『害怕人多，卻不怕垃圾多哦？』」

當下我不知道該不該以笑聲回應他的打趣，於是錯失了化解尷尬的時機。不過，看到他已經可以說笑，我也感到放心，決定不再刻意顧及他的感受。

「那，工作方面呢？」

「勉強找到一份工作了……。」

「這樣喔。」

「是啊，現在的工作應該能繼續做下去吧……。」

「那很好啊。」

「可是……，我現在沒錢……。」

相信他應該很努力克服內心障礙，熬過低潮，才能成功找到工作。薪水和上一份工作相比雖然少了許多，但是他總算遇見了可以發揮所長的工作。只不過，無業期間的生活費與醫療費讓他的積蓄所剩無幾。

我知道他其實無力負擔我的清理費用，而且也無法使用信用卡，所以希望能先付我訂金，之後再慢慢付清尾款。

我在談話中不時觀察這位委託人，發現他看起來雖然十分笨拙，但也窺見他純樸的本性。他表示如果我不能讓他欠款，就打算向銀行預借現金。但我對於高利貸實在沒什麼好感，覺得沒必要讓他爲此付出高利貸，於是和他達成協議，以他要求的方式分期收費，條件則是附上身分證影本與公司名片、老家地址及聯絡方式。

我總覺得人有兩種，一種是自己奮力從內破殼而出的積極者；另一種則是需要藉由外來刺激方能破殼而出的被動者。我自己屬於後者，總覺得人若是沒有一個有力的契機，很難擺脫過去的自己，或是只憑自己一時的意志或力量蛻變。

如果我們能一直躲在殼裡生活，我也想一個人安靜地關在自己的殼裡活著，拒絕面對外界的各種生存壓力。不想理人時就自己一個人；想跟人說話時，就只跟自己合得來的人相處。雖然我很想過這樣的生活，但是，人不可能如此。

清掃作業當天，爲了減輕費用，這位委託人也一起加入清掃工作。我們兩人各自帶著不同的心情與期待，渾著如雨的汗，從頭到腳沾滿污穢，奮力地清理如山的垃圾。

此時那刻，我似乎用自己的勞力展現了「活著，就是如此」，他則是以他不曾有過的勇氣與決心全心投入，當他站在清理乾淨的房間裡，臉上露出了彷彿訴說著「活著，就是這樣嗎」的笑容，那一刻，我感到完成一件工作的成就感，以及一個人最真實可貴的成長和蛻變。

14 •

人生這場賭局

每年到了夏天，總會聽到這樣的不幸意外：嬰幼兒被留在車內導致中暑至死。最常見的情形是父母沉迷小鋼珠，以至於鑄下大錯。每次聽到這種新聞，我總忍不住在心裡怒嘆：「又來了！實在是太可惡了！」

一想到小孩子被留在猶如三溫暖的車子裡活活熱死，就令我生氣到全身顫抖。更何況竟然是孩子最信賴、最親愛的父母所犯下的愚蠢行爲，實在是太可憐了。與其說這是「意外」，還不如說是「謀殺」。

然而，小鋼珠真的有那麼好玩，到了可以讓人失去理智的地步？我的朋友中也不乏喜歡玩小鋼珠的人，但是我實在搞不懂它的「妙趣」何在，說什麼也沒辦法喜歡這玩意兒。但不管如何，人生只要賭錯一步，就可能發生意想不到的憾事。從某個角度來說，賭博真是人生的恐怖殺手。

我的人生已經夠像一場賭博了，當然不會想要再去賭博。學生時代雖然會玩賽馬，現在頂多偶爾買幾張彩券。至於人生這場賭博，我還在辛苦奮戰中，至今依然不知最後結局是贏是輸。

〔

接到委託我特殊清掃的案子。一位女性在某個盛夏夜晚打電話來，表示往生者是她的父親，聽起來父女關係似乎很疏遠，據說已經有一段時間不曾見面了，沒想到一聯繫，父親竟然已成一具腐屍。感覺這位案主似乎是震驚大過悲傷。

說實話我並不驚訝，因爲我看過很多親屬都是這種反應，不過，接下來的情況，就讓我非常好奇，因爲我從不曾遇過這種情形。死亡地點是在某處河岸。死者似乎以車爲家，最後也是死在車內。這起罕見案例勾起了我的好奇心，我不禁豎起耳朵聽案主娓娓道來。

她告訴我往生的父親從前和他們一家人生活在一起，從事建築相關工作，以此維生。工作雖然認真，卻非常愛賭博。

一開始只是在不超出零用錢的範圍內小賭，但隨著收入減少，遂開始借錢度日。由於開始時金額不大，只會和家人偶爾發生一些小衝突而已。

然而，這種情況隨著工作不順變本加厲。由於無法改掉賭博、借錢的習性，與家人之間的關係也陷入緊繃，最後終至無法見容於家人。

某天，死者外出工作後便下落不明，音訊全無。因爲他過去也離家出走好幾次，儘管開始時有些擔心，但總以爲「不久後他就會回來了」。因此，也沒有特別理會，或是向警方報案協尋。只是隨著日子一天天過去，死者竟與家人從此斷了聯繫。

通知家人死訊的是河岸所屬轄區內的警察。當時，附近居民發現有一台車子行跡詭異，於是通報警察處理。警察趕往現場打開車門，發現車內的死者已成了一具腐屍。

由於難以辨識死者生前的容貌，警方遂透過死者的駕照及車檢證明與家屬聯繫。接獲通知的家屬，震驚中立刻趕往警察局，原本打算去停屍間認屍，但因爲遺體嚴重腐壞，無法直接認屍。

另一方面，警方也不希望違法放置車輛，要求家屬盡快移車。家屬原以爲車子和房子不同，可以直接報廢解體，但是，萬萬沒想到車內狀況慘不忍睹，根本找不到人願意處理，於是便找上我。

了解來龍去脈之後，我便動身到現場勘查。那位女性案主與家人都沒有看過現場（車子）的情形，理由是「不想看」，所以我只好一個人前去勘查。

地點是在一處視野寬闊的河岸。除了死者那輛車之外，附近還有幾輛類似的車子停在那裡，橋下也有好幾座用藍色塑膠布搭建的帳棚。從數量來看，可以猜測那區應該是住起來比較舒適的地方。這幅景象彷彿向我預告著下流社會的樣貌，使我內心不禁百感交集。

「是那一輛吧……。」那邊雖然停了好幾輛車，但我一下子就找到了目標車輛。或許是對方有事先告訴我車種及顏色，但也不出所料，車窗爬滿了蒼蠅，不注意的話還以爲是貼了一層黑色薄膜，怎麼看都不像一般的車子。我留意到遠處走來的人對我投以好奇的眼光，我緩緩走向車子，提心吊膽地湊近車窗，並往裡頭看。

「原來如此啊……。」看樣子，死者的確是以車爲家，裡頭散亂著許多雜物。然而，數不清的蒼蠅阻礙了視線，讓我看不清楚重要的污染痕跡位在何處。

「這種情況，不打開車門當然沒辦法確認！」於是我從口袋裡掏出警察交給我的鑰匙，插進鑰匙孔，確定可以打開後，便戴上專用的口罩與手套。

「再見了，小蒼蠅。」我把車門開出一小縫，將業務用殺蟲劑的噴嘴插進車內，使勁狂噴，甚至童心大發地想：「接招吧！」

爲了等蒼蠅死光，我在一旁等了一會。放眼望去視野寬闊，河岸邊綠草如茵，在這晴朗的日子涼風徐徐吹來，要不是這輛車子，我的心情應該很舒暢吧。

估計蒼蠅已經落了滿地，我打開車門，確認一下裡面的情況，發現車裡散亂著大量生活用品與食物殘渣，後座到腳踏墊之處也有一灘黏稠的腐敗液體。這樣子也難怪一般車行不願處理了。

根據警方的鑑定，死亡原因並非自殺或他殺，而是身體衰弱導致的自然死亡，很可能是三餐不繼，加上酷暑所造成的。在如此惡劣的環境下以車爲家，可以想像相當辛苦。畢竟天氣這麼熱，引起身體不適也很正常，死因極可能是因爲太熱而中暑吧。

雖然清掃現場是車子，但清掃的作業和在一般房間並無太大不同。儘管已有心理準備，清理難度和房間略有不同，不過，我的腦袋裡已經規劃好各項步驟。

勘查後過幾天，我開始動手清理現場。或許是警方已經翻看過的關係，車裡全是垃圾，看不出有什麼貴重物品，但令我印象深刻的是車上淨是和賭博有關的報章雜誌。有剛上市的，也有過期的。真不知他只是買來消遣，還是夢想一夕致富，但不管如何，這些雜誌道盡了這位往生者就算以車爲家，依然無法擺脫賭博的糾葛。

通常在收取費用之前，我必須請對方確認工作的內容和成效。但是，這位委託人並沒有到現場，所以我必須留下清掃完成的證據，好讓委託人驗收。因此，我拍下了清理前與清理後的照片。

事實上，這個案子從一開始到最後，那位委託人都只有用電話跟我聯繫，我在完全沒有見過案主的情況下，完成了這項工作。而且，不同於其他案子，這個案子並沒有任何遺物可以交給家屬。

不過，讓我意外的是，當我告訴家屬我拍了一些現場照片時，他們竟一反先前的態度，表示很想珍藏這些照片。我不禁心想，或許他們的心中仍留有過去與死者相處的滿滿回憶，就算只是照片，也想放在手邊思念吧。這瞬間，我似乎感受到這家人對死者說不出口的愛，於是立刻答應將照片寄給他們。

回家的路上，我不禁想，我們的人生路上似乎有一連串的選擇在等著我們。這些選擇有時就像賭注，我們究竟是要孤注一擲，還是要另擇他路？每個選擇究竟是吉，是凶？會贏，還是輸呢？

這位帶著回憶與債務孤獨走完一生的往生者，是否輸給了這場人生賭局呢？或是，沒有人可以判定他的輸贏？在看過無數生死後，我想唯有能夠溫柔撫平往生者過往與家人回憶的時間長流，才能給我們答案吧。

15 ●

戒除想像的依賴

有一次前往清掃現場時，我發現自己竟將手機忘在公司裡。當天路途中我發現自己忘了帶手機，少了經常帶在身邊、已經如身體一部分的東西，內心不僅著急，而且不安。

找不到手機的當下，我慌張地心想：「手機到底掉到哪裡了？」心臟甚至撲通撲通地狂跳，但很快地我知道，自己再怎麼慌張也無濟於事，最重要的是趕快找出手機，於是開始回想自己出門上班到離開事務所的過程。想了一會兒，就想起自己把手機忘在事務所了。發現手機還在辦公室，讓一直擔心「要是掉在哪裡就慘了」的心情，瞬間平靜了許多。

算了，今天沒帶手機也無所謂吧。一方面不好意思遲到，一方面也懶得掉頭回去拿，當天就這樣到了工作現場，要自己努力挨過沒有手機的一天。所幸當天沒有遇到什麼大問題，這件事也讓我發現，即便我自以爲不是手機的重度使用者，但我其實比想像中更依賴手機。

〼

接到有人委託我前去特殊清掃。往生者是五十多歲的男性。死因是生病引發猝死。委託人是死者的哥哥。由於事出突然，這位委託人得從遠地趕來處理。

案發現場位於一棟偏僻鄉下的普通公寓。當地附近蓋了好幾棟外觀相似的公寓，而房東的住家就在公寓大樓的旁邊。屋子皆是兩房一廳的格局，有種專爲「中年男性」設計的單身住宅之感。

一踏進現場，發現屋內相當凌亂，廚房角落堆滿著散亂一地的空酒瓶和酒罐。床上還殘留著遺體滲出的污染痕跡。看來發現得還算早，遺體遺留下的痕跡還沒有形成人型。

污損的大半都是血跡，並非是腐敗液體。愼重起見，我仔細察看血跡有沒有滲到地板裡面。因爲地板是否沾到遺體滲出的液體，對於後續的修復工作影響很大，所以要事先確認清楚。

檢查後發現，遺體滲出的液體不只污染到床，從床到廚房的地板都是斑斑血跡，而且還一路延續到廁所。近門處的馬桶與地板，也都染上了深深淺淺的酒紅色。我猜測，往生者生前應該是身體不適，衝到廁所吐血之後，隨即倒臥在床上，最後因大量吐血而死。

確認過室內情況後，我再回到在外頭等候的委託人那邊，發現他正和身旁一位男性熟稔地交談。那人正是這棟公寓的房東。因爲這個清掃工作牽涉到如何讓屋子回復原狀，所以委託人特地請他過來一趟。

據悉往生者生前非常愛喝酒，委託人與房東都知道。不過，往生者並非成天以酒度日。他長期在一家公司任職，工作態度認真，不僅從不拖欠房租，也不曾和附近鄰居起衝突。

往生者雖然是酒鬼，酒品卻不壞，而且堪稱酒品不錯的人。一喝醉就很活潑健談，對人大方熱絡。「今朝有酒今朝醉」或許是他人生的最好寫照。據說他總是大方地請店裡的人喝酒，即使對方是不認識的陌生人，他也經常請房東一起到當地的居酒屋喝兩杯。

然而，長年飲酒的他，終究敵不過酒精和歲月的摧殘。肝臟功能因爲長期飲酒，逐漸惡化，最後不得不定期到醫院治療。但即使如此，他也還是沒有戒酒，結果造成肝臟重度硬化，因而死亡。

「○○先生實在很愛喝酒啊，他常常在發薪當天邀我去喝酒……。」房東先生帶著幾許思念感嘆著。

「我知道他最大的心願就是喝酒喝個過癮，但真希望他也要爲別人想一想啊。」哥哥也悵然若失地嘆了氣。

話語間感受不到生離死別的哀傷，也感受不到房東和家屬間緊張的氣氛，僅僅像是親人久病辭世的必然，這種奇妙的氛圍沒有冷漠，反而有一種淡淡暖意在空氣中飄盪著。

不知道什麼人說過：「人不可一人獨自而活。」看過無數生死的我也一直這麼認爲，總以爲人似乎必須依賴某些人或事而活。

我也是倚賴著某些人、某種財富以及其他種種而生存至今。

我甚至依賴著「死亡」。我依賴著死亡，藉此沖淡煩惱，獲得幸福的感受。但這真是面對人生正確的態度嗎？我一直告訴別人，唯有意識「人會死亡」，才能了解生命的可貴。

可是，這種態度並不會只帶來正面的力量。有時它會讓我們將生命看得過於簡單，覺得生命虛無、難以掌握。也會讓我們理所當然地逃避不該逃避的一切，急於敷衍不該敷衍的事物。

然而，若是只是表面地理解「人會死亡」的事實，或許只會讓我們不願面對某些事情的真相、不斷欺騙自己罷了。所以，有時我也會想自己是否得了「死亡依賴症」？若真是如此，就太可怕了。

看過愈多的生死，我漸漸領悟，我們不可能從對某種事物的依賴而消除煩惱，或是找到救贖或幸福之路。人無法依賴某件事物獲得幸福，而是必須和它對峙；所以，我們不該藉由死亡消除人生的困難或煩惱，而應該要面對死亡，這也才是讓我們前往幸福之路的方法吧。

唯有坦然面對死亡時，我們才能無所懼地活得精采燦爛、消除心中的黑暗，我再次體會到，爲了在面對死亡之際了解生命的可貴，我必須更努力、更認真地活著。

16 •

為美麗人生血鬥

我的人生不只是「決鬥」，而是「血鬥」。

聽起來或許有些駭人，但是，清掃死亡現場過程中，經常會遇到只能用「血鬥」來形容的可怕場面，其艱難簡直如人血搏鬥一般。

需要血鬥的工作絕大多數是割血管自殺。這種場面給人的衝擊實在強大，彷彿是想透過視覺傳達死者的訊息。雖然不一定真的留下什麼意念，但至少當下確實震撼人心。

接到一個委託我前去特殊清掃的工作。一打開小套房的大門，連身經百戰的我也驚愕不已，鋪設的地板全都染成紅黑一片。

我聞過無數次直衝腦門的血腥味，但卻和腐爛惡臭一樣，過了一會嗅覺便會習慣，只是心理調適的時間會比嗅覺長。

「人竟然有這麼多血！」看著大量流出來的血，我不禁驚訝地嘆息。

「又是自殺嗎……。」

住在這裡的往生者似乎是割腕自殺，發現時已經太遲了。染成酒紅色的被褥和衣服令人怵目驚心，但是對我來說，蔓延至地板的一片褐色造成的衝擊才是強烈，特別是四濺至牆上的黑色血痕顯得更加駭人。

我看著濺至高處的血痕，心想：「這好像是電影場面，人割腕會噴那麼多血嗎……？應該也有割喉吧？」往生者是割喉，還是割腕，其實完全無關我的工作，但駭人的程度讓我忍不住揣想著。

「這實在很難清理啊，到底要從哪裡開始呢？」流得滿地的血，其中有的已經變成固體，有的是半固體，有的則還是液體。再怎麼細分，作業流程也不會有多大改變，因此，我決定不要想太多，趕緊進行。

作業當天，我蹲在地板上，默默地從角落刮除這些血痕。這是一項非常需要耐性的枯燥工作。人血乾掉的部分就像硬脆的麥芽糖，很容易剝除；半乾的部分則像一層厚厚的蠟，不是那麼容易刮掉。至於未乾的部分，就像擦拭半溶的巧克力。

持續做著單調動作時，就算心裡想著其他無關工作的事，身體還是會持續進行手邊的工作，也不用深究自己眼前到底是什麼，說實話在這種情況下，就算肉體十分辛苦，精神上還算輕鬆。

然而，隨著工作時間不斷增加，我的身體也在不知不覺中滿是血污。尤其是雙手和手臂，簡直如浴血戰場。場面之駭人，我想可能會讓人一看就昏倒吧。

「往生者到底幾歲？」

「爲什麼想要自殺？」

「爲什麼選擇用這種方式？」

「家人受得了嗎？」

工作時要是忍不住想這些，心臟必定難以負荷。

「我只是個清潔工啊」，面對這樣的工作，我只能在內心吶喊著，拚命將自己從那現實中抽離，只是清掃魂一旦被點燃，便難以澆熄，而滿天的思緒只會讓自己更難受。那個當下，往生者、穢物和自己彷彿處在三角關係裡，令人難以抽身。面對這樣的工作，我不知道是因工作太苦，或是現實太過沉重，我會莫名地冒出一身惱人的黏汗，有時眼淚甚至會不聽話地掉下來。

似乎每隔一段時期就會出現自殺潮，一段時期又會平息，我不知道爲什麼會這樣，有人認爲其中一項因素是受到「氣壓的影響」。經常面對死亡的我常想，這世上是否真有一股使人萌生自殺衝動的氣流？難道沒有人能夠阻止這股氣流？

我們每天面對的是一場場決鬥，但我們只能選擇義無反顧地奮戰，每個人都在艱苦中奮鬥求生，而我的人生還有很多場血鬥等著我奮戰。

17 ●

願為一個笑容而奮力

對我這個殯葬業者來說，一般人期盼的連續假期可說是完全與我無關，畢竟死亡不會因中元節、正月新年、週末例假日而停下腳步，我當然也沒辦法事先安排休假。

「沒有預定行程、只能在沒委託案子時休假」是這一行的常態。我的生活作息如此，也早已對此習以為常。

然而，如果一個人長期處於工作中、沒有休假，就很容易讓人生從「爲了生活而工作」變成「爲了工作而生活」，而這也是被生活與工作壓力逼得喘不過氣的人才會面臨的情況吧。

「明天終於可以休假了，來好好喝一杯吧！」某天晚上，因隔天就是久違的休假，我心情大好地一邊手拿著酒精飲料，一邊享受這難得的悠閒，但半夜卻被一通電話把我從微醺中叫醒，心想：「這種時候打來的電話，肯定是跟工作有關」，接起電話的同時，不禁哀傷著假日又要泡湯了。

「對不起，這麼晚打擾你，我想請你幫我們清理屋子，我弟弟在那裡過世了！」

「可否請你大概說一下情況？」

「警方把遺體帶走了……不過，留下來的痕跡有點……」

「死亡有一段時間了吧？請問經過多久了？」

「大約兩個星期……。」

「兩個星期嗎？請問一下，死亡地點是在哪裡？」

「在浴室。」

「浴室也有各種情況，是在浴缸裡嗎？還是沖澡的地方？」

「是在浴缸裡。」

「在浴缸裡……兩個星期嗎？」

「因爲造成鄰居困擾了，你明天早上可否來一趟？」

「明天!?請、請等一下……明天嗎……？」

（要不要斷然拒絕呢？還是乾脆改到後天以後呢？可是，污腐浴室又不可能長時間放在那裡不管……。）

由於隔天是久違的休假，加上我的身體早已累積許久的疲累，老實說，真的很不想去。但是，我沒有其他工作要做，也沒有抽不了身的理由，只是想要在當天休息而已，實在沒辦法對焦慮不安的委託人置之不理。

「就當做大家是有緣人，才會打電話找我工作吧！」我只好答應對方的要求，明天一大早前往現場勘查。當晚一口氣喝光剩下的啤酒後，整理好隔天要用的東西後便速速就寢。

隔天早上我一大早便出發了。抵達現場、下車後，很快地按著對方所說的地址尋找清理現場。雖然對方沒告訴我公寓名稱以及房間號碼，不過，從空氣中飄來的腐敗臭味，我很快就知道清理地點位於何處。

「從味道和這些東西來看應該就是這間吧。」一接近散發臭味的屋子，我就發現窗戶內側有許多肥碩的蒼蠅正在鑽動著，任誰來看，都知道這間屋子肯定是案發現場。

「對不起，讓你那麼早來。謝謝你願意立刻來。」委託者是一對年長夫妻，一看到我便客氣地打招呼。看著他們滿臉不知所措、見到我就像看到救星一樣的神情，頓時喚起了我的清掃魂。

我請委託人打開房門，便獨自深入屋內察看。對於這種惡臭我早已習以為常，一進門便直衝浴室，火速打開浴室的窗戶。因為要是有所猶豫，後果將苦不堪言。然而，那天映入眼簾的浴缸竟讓我久久說不出話。

「啊？這是什麼情形？」這簡直是……（實際情形太過驚悚，就此省略）。雖然我沒打過拳擊，但當下有如捱了一記重擊，令我一陣頭暈作嘔！

工作中我有過因為嗅覺的衝擊而感到反胃，但這次卻是因為眼前駭人的污腐光景令我無力招架。戴上口罩還可以防範撲鼻而來的可怕味道，但我卻不能戴上眼罩遮住眼睛，不受這駭人景象的衝擊。

可憐的我，當場有如拳擊現場裡的沙包，只能呆在現場遭受無情的痛擊。方才燃起的清掃魂也瞬間成了風中殘燭。

於是我立刻把腦袋切換到防禦模式，告訴自己：「再這樣下去，還沒動手就先被痛擊，信心絕不能先被擊垮！」由於浴缸裡面實在慘不忍睹，我只能不斷對自己信心喊話。這麼說也許對往生者和委託人非常失禮，但是在我眼裡，浴缸裡只有超乎想像的駭人穢物。

「不要想太多，照平常去做就好。」儘管調適了心情，看到眼前的污腐浴缸，腦袋仍像遭到一連串的攻擊一樣。我死命嚥下即將衝口而出的胃，在清掃魂不斷顯示戰力不足的情況下極力苦戰。

清理污腐浴室其實有一定的流程，這也是我用汗水與淚水不斷嘗試錯誤才領悟到的獨家法門。因此，和剛從事特殊清掃時的艱苦奮鬥時期相比，我現在已能處理得乾淨俐落。即便如此，這次仍是特掃中極爲悽慘的案例。

不光是雙手和手臂，這次連我的身體也沾滿污穢，工作中好幾次都想打退堂鼓，心情非常沮喪、無奈，感到這些惡臭污穢好似已經鑽進我的身體裡了。這次的工作不只是一場與可怕腐屍穢物的清掃戰鬥，更是一場我與內心的激烈交戰。

「咦？這是什麼？」當工作接近尾聲，好不容易讓浴缸裡的黏稠污穢清除了大半時，我在底部發現了一個閃著銀光的東西。

「啊？是牙齒？」我用手指撿起來察看，發覺那是一顆白色細長的人類牙齒。上面有銀色的治療痕跡，赤裸裸地顯現出往生者確實曾是一個活人。

「哇！竟然有這麼多！」仔細一看，好幾顆銀色牙齒都散落在浴缸底部。我伸手探向底部，又找到好幾顆。從這些牙齒散落的數量，大家應該不難想像遺體的腐壞程度有多嚴重。

我把這些意外發現的牙齒攤在手掌上翻看著，心想：「還是把這些交給家屬吧。」但是，我又不能就這樣把沾滿污穢的牙齒交給他們，於是便動手將這些牙齒清洗乾淨。我用清潔劑和海綿將這些滿是污穢的牙齒一顆一顆地清洗，再用消毒水浸泡，最後噴上消臭劑，完成了這本不屬於我的工作。

完成後，我獨自蹲在浴室裡，盯著手掌中已經清洗乾淨的牙齒，不禁感嘆人生短暫如幻影、生命微渺如細石。不知怎麼的，沒有悲傷的我，此時卻紅了眼眶。是想到自己如此不堪而自卑嗎？還是想到自己還算是個像樣的人嗎？又或是因爲做著人們眼中不堪的工作，讓自己還能堪用於社會嗎？又或是想到如此不堪的我依然能有份像樣的工作嗎？說實在的，那一刻連我自己也不明白眼睛怎麼會不聽話地泛起淚水。

委託者夫妻一直在外面等我清理完畢。他們明明可以遠離這裡，到某個地方休息，我想他們應該是體恤在裡頭揮汗如雨的我吧。他們一點也不嫌棄滿身污穢的我，感激地表示：

「辛苦你了……！實在非常感謝你。」

由於發現遺體時，警方曾告訴他們「最好不要進去看」，所以這對夫妻一開始並不清楚浴室裡的污腐情況，直到後來前往警察局的停屍間探視遺體時，才隱約猜到現場的悽慘駭人情況。也因此，他們完全可以想像清理過程的艱辛。

「很辛苦吧？」
「還好……嗯！」
「真抱歉，讓你處理這些。」
「別這麼說，這是我的工作。」
「我們實在不知道要找誰幫忙……。」
「不要緊，我已經習慣了。」
「真謝謝你幫忙。」
「浴室也清理好了，你們要確認一下嗎？雖然我想你們應該不想看……，不過，要確認過後才能跟你們收取清潔費。」
儘管裡頭已經清理乾淨，但是兩位夫妻似乎也沒有打算進浴室看。我能體會他們的心情，於是避免場面尷尬，我立刻轉移話題，說道：
「對了，我在裡面找到了牙齒，就交給你們吧。」
「牙齒？」

「對，是牙齒。請不用擔心，我已經洗乾淨了。請你們拿回家，放進骨灰罈裡。」

「知道了！謝謝你。」

直到最後，他們還是沒有確認清掃後的浴室，但卻滿懷感謝地接下如獲至寶的牙齒，並不斷地向我道謝。這工作雖然異常艱辛，但我不僅拿到了報酬，也得到對方的感謝。雖然是人人嫌惡的工作，我依然十分高興自己能夠幫助別人，而委託人感激的眼神，也激勵我面對明天未知的挑戰。

此刻我的心情如釋重負，假日泡湯所累積的壓力早已煙消雲散，也不在意沾染一身的惡臭了。

「雖然沒辦法休假，但這樣工作實在值得。」一想到屍骨完整的往生者、卸下心頭重擔的委託人夫婦，以及自己疲憊但踏實的心靈，我的腳步不禁輕快，滿足地踏上不同來時的回家路。

18 •

心態改變眼裡的風景

「死亡一個月。」

「味道很重！」

「根本沒辦法進去。」

某個炎熱季節裡，接到一位聲音粗獷的男性在電話中這樣描述死亡現場。根據他所說的一字一句，我的腦海不難想像現場的情況，隨著他愈來愈多的說明，那畫面也愈來愈清晰。

〔

工作地點位於面對大馬路的普通公寓。案發現場是二樓的某一戶人家。一對年約三十歲左右的男女現身我眼前，他們沒有開口和我打招呼，從頭到尾只微微點了一次頭而已。他們給我的第一印象並不是很好。

兩人的態度都很冷淡，而且看起來似乎都不太高興。不僅如此，他們坐立不安，眼神猶疑不定。儘管對他們的態度有些不滿，我也只能安慰自己：「沒辦法，畢竟遇到這種情況，人難免如此……。」

那位男性委託人神色格外緊張，雙手插在口袋裡，從頭到尾只對我說了句：「拜託你了。」便將房間鑰匙遞給我，那態度彷彿在說：「快點給我進屋子裡看！這不是你該做的工作嗎？」讓我有種不被尊重的感覺。

大門的縫隙被封住，我猜測大概是房東或不動產公司的人做的。但是，其實刻意封住並沒有用，站在大門前還是能聞到一陣強烈的惡臭。我小心翼翼地撕下封條，避免在門框上留下殘膠，接著將鑰匙插進鑰匙孔。

我把門打開一條縫，將鼻子湊近，試著用嗅覺判斷室內的狀況。室內的空氣頓時被引到外面來，裡頭不斷傳來令人作嘔的惡臭，我皺著鼻子觀察飄散出來的臭氣，發現它在高溫之下形成了濃度極高的惡臭。

當下我即下定決心「絕不逃避」，同時也認命地想：「反正已經答應人家，也逃不掉了」，於是戴上了掛在脖子上的專用口罩，調整呼吸兩、三次後，以最快的速度鑽進屋子裡。

穿過狹小的廚房走廊，眼前是只有一個房間的起居室。從大門走到這裡只有幾步之遙，大概兩、三秒而已。一踏進起居室，一般人生活中看不到的光景立即映入我的眼簾。

這間房子是附有廚房的套房。當時窗戶爬滿了無數的蒼蠅，下方則是黑壓壓一片的蒼蠅屍骸。房間中央有一團腐爛穢物，一半還留在被褥裡，一半則溶化到地板外面。不用說是往生者遺留下來的痕跡化成了那灘液體。

房間裡瀰漫著比室外空氣糟糕百倍的高溫腐臭味。我感受到這股令人作嘔的刺鼻臭味，頓時停下腳步，上下左右環視室內，將眼前所看到的記在腦海裡。

察看這間狹小房間不需要太多時間，而我也不想久待。所以，進去屋內察看幾分鐘後便離開房間，擺脫惡臭後如釋重負地吸著室外涼爽的空氣，同時習慣性地仰望無雲藍天，試圖轉換心情。

小憩片刻後，我不顧身上帶著臭味，便直接下樓朝兩位委託人走去。他們正等我說明察看的結果。

「裡面應該有筆記型電腦，你能不能把它拿出來？」男性開口說出這樣的要求。面對突如其來把我當打雜的使喚，讓我有些不知所措，但心想只是拿個東西也就答應他了，並再次回到那腐屍味沖天、熱氣直竄的屋子。

一進房間，便發現要找的電腦就在桌上。我拔掉電線，把它抱出來拿到外面交給一臉失望的男性。他拿到電腦後湊近聞了聞，難掩吃驚，隨即皺著眉頭跟女性委託人討論著如何處理這台電腦，最後似乎決定把電腦帶回去，便將它放進事先準備好的大袋子裡。

「裡面也有液晶電視吧？可以把它拿出來嗎？」正在心想著這位男性委託人又會說些什麼時，竟然又叫我將電視搬出來。儘管我心裡百般不願意，也還是告訴自己：「這是順便而已！順便而已！」再次不情願地走向屋子。

接下來，這位男性委託人陸續使喚我把值錢的東西拿出來。每拿出一樣東西，他便湊近聞著臭味，急忙收進袋子裡。完全沒有機會開口拒絕的我，只能在房間與外面來回穿梭，帶著滿腔怨氣，揮著一身臭汗替他打雜。

等到把值錢的東西和他想要的物品全部拿出來後，我才開口進行這趟工作最重要的清掃估價業務。爲了不讓利益受損，我盡量清楚列出所有明細，並且詳細對他們說明必要的作業內容及所需的經費。

然而，此時兩人反應極爲冷淡，似乎毫不在乎屋子的清掃工作，只是隨口敷衍我的提問，而且許多時候連正眼也不瞧我，只顧滑著手機。看我大概講完了，他們一句話都沒說，就把大袋子扛在肩上，匆忙離去。

看著兩人迅速離開的背影，我頓時明白自己「被利用了」。雖然很想追上去大罵幾句，可是也已經於事無補了，只能帶著無處宣洩的怒火離開現場。

特殊清掃的工作一定得事先勘查現場，才能判斷接下來要清掃、處理、撤除的遺物或廢棄物品，以及消臭消毒的範圍有哪些，而這部分的業務原則上都是無償進行，不涉及費用。

「無償」是對委託人的一種服務，但對我們公司來說，人事與交通、停車等費用都不算小的開銷。雖然是必要的開支，還是會造成公司的負擔。因此，現場勘查時，原則上我們都只進行視察，不會執行任何相關作業。只是，有時會受到現場氣氛或是委託人的影響，無法徹底做到不進行視察以外的工作。換句話說，就是在「騎虎難下」的情況下進行部分作業。

雖然不收取費用，但也不可能抱著全然無私奉獻的精神前往。正確來說，應該是「爲了讓委託人放心而提供的售前服務」。畢竟工作就得考量到公司利益，盡量爲公司提高獲利。經過這件事之後，我在前往估價時也都會格外小心面對委託人的各項要求。

直到現在，一想起這件事情我還是很生氣，就算我知道「做人不可以那麼愛計較」，但人到底能否豁達地想：「只要能夠幫助別人，損失點又有什麼關係！」此刻的我，就像徘徊在微妙的交岔路口，不知眼前的路會通向何處。

我們每天都會遇到許多的抉擇。站在岔路前，我們究竟應該選擇主動出擊，痛快迎擊挑戰？還是等待問題來襲，被壓力壟罩？而這些選擇也會決定我們的人生將走向美好光明，還是封閉在晦暗的世界中。

每個人每一天都會面對一成不變的工作，甚至被許多不喜歡的事情壓著跑，其中絕大多數都是不得不做，無法拒絕的工作。然而，我並不希望自己人生中的每一分、每一秒都是在這種心情中度過。

所以，儘管工作繁忙，我都希望自己每天至少把一件無可奈何的事、哪怕是微不足道的小事化為主動。僅僅是如此，內心也會因此豁然開朗。

我總想：

「如果能改變今天，就能改變明天。
如果能改變明天，就能改變後天。
如果能改變每一天，我們的人生就會改變。」

所以，不妨先從今天做起吧。今天，加油吧。

19

可怕的是懼低，而非懼高

我想住在東京的人應該都看過興建中的晴空塔吧？過去，東京鐵塔在日本人眼中是那樣的巨大高聳。我從來沒上去過東京鐵塔，也不想上去，幾層樓高的大樓就讓我腿軟了，更何況是那麼高的東京鐵塔，爬上鐵塔對我來說根本是不可能的任務，絕對不適合有懼高症的我。

從事這行有時會遇見喜歡對人頤指氣使、傲慢無理，或是第一次見面說話就毫不客氣的人，或許是我度量太小，過於重視這些枝微末節，但我實在很不喜歡跟這類人打交道。

委託我工作的案主不乏頤指氣使的人。初次前往案發現場勘查是無償的工作，不會有金錢上的往來，但儘管如此，案主和我之間似乎存在著「客戶（買方）與業者（賣方）」的上下關係。有些案主自認自己是出錢的一方，加上不懂對人謙虛尊重，就很容易對於初次見面的人（我）趾高氣昂、頤指氣使。如果說話直接、不拘小節是想拉近關係，我可以接受；但如果是自以爲高人一等，就會令我嗤之以鼻，心生不滿。

某天一位自稱是「往生者弟弟」的中年男性打電話來，希望我前去清掃死亡現場。

案發現場是一間老舊公寓，死因是自殺。由於發現得早，遺體還沒有造成環境污染或傳出惡臭。不過，往生者生性懶散，長年不打掃房舍，導致屋內破舊，污損嚴重，日常生活積累的髒污十分驚人。那位委託我前去的案主表示，房東一直向他施壓，希望能盡快把房子交出來，並且說：「住在隔壁的房東那裡有鑰匙，剩下的你直接跟她談吧。」說完便把後續事宜全部交給我處理。

「喂，請問是〇〇女士（房東）嗎？」

「我就是。」

「您好，我是△△先生（案主）委託的清理業者……。」

「業者！？」

「是的……。」

「△△先生到底是怎麼搞的啊！」

「他……請我直接跟你談就好……。」

「所以你就打電話來了！？」

「是的……。」

「實在是太過份了！很不負責任耶！」

「……。」

「你知道從那之後已經過了幾天嗎！」

「……。」

「不覺得太晚了嗎！？」

「是、是啊……。」

女房東不僅說話非常不客氣，而且怒氣直衝我來。她的語氣和態度讓我不知所措，只好閉上嘴巴聽她不停抱怨。我也可以想像，如果接下這件案子，肯定是件苦差事。當然我也瞬間明白，那位案主爲什麼要全權委託我處理了。

案發現場是一棟位於巷弄的老舊公寓，巷子狹小到不知能否勉強開進一台小車。女房東就住在隔壁的透天厝。我上門拜訪，希望她打開隔壁房門讓我進去。因爲事先約好到訪時間，所以有位女性很快就從屋內走了出來。

出來應門的女性如我事先想像，有張狐狸臉，臉上沒有半點笑容，開口便是一連串的怒罵與不滿。雖然這事至始至終都不應該由我來承受，但因爲只有我一個人聽她說話，也就只能成爲她出氣的對象了。

聽她抱怨過一輪之後，我開口問道：「可否先讓我看一下房間？」隨即結束這場對話。我禮貌地接過女房東粗魯掏出來的鑰匙，走向隔壁的公寓。即將踏進屋內的不安情緒，被擺脫女房東的如釋重負感沖淡了不少，我一步步走上了階梯。

一打開大門，發現是間堆滿雜物的垃圾屋。如同往生者家屬所說的，地板上到處都是散亂的垃圾，家具及家電用品上也都積了一層厚厚的灰塵。流理台、浴室、廁所骯髒不堪，還沒答應接下這件清掃工作，我就想打退堂鼓了。

除此之外，隔開廚房與和室的柱子上方，有好幾根釘子，我立刻明白它的用途，雖然進屋前已經嘆了好幾聲長氣，此時又忍不住大嘆一聲。

清掃當天那位案主依然沒有現身。正當我在進行清掃工作時，女房東果然如我所料，冒失而無禮地闖進屋內，不僅眼神嚴厲地監視著我，嘴裡還不斷喃喃碎念，滿是牢騷抱怨。我沒理她，埋頭做著我的工作。不知道是不是我工作時神情嚴肅、面露難色，原以爲她會要求我做這做那的，卻沒有多說任何要求。也多虧她如此，工作遠比想像中快速順利。

當清理工作快結束時，我著手處理柱子上的釘子，先是將梯子架在柱子前方，接著跨在梯子上，然後用手一根一根將釘在上頭的釘子拔除。這時女房東突然來到我旁邊，盯著我進行這最後的清掃工作，眼神中透露著「不要隨便給我弄傷柱子」的訊息。看樣子，她似乎不清楚這些釘子是用來做什麼的。

由於釘子成束密集釘在一起，起釘器根本插不進去，我只好用鐵鉗一根一根夾住，再使勁拔出來。對力氣不大的我來說，這項工作可說十分吃力。而那始終拔不出來的釘子，似乎在向我炫耀它的黑暗力量。

過了一會兒，女房東大概意識到釘子的用途。我以爲她會驚叫，只見她皺著眉，捂著嘴，哭著衝出門外。我想那瞬間她或許是突然想起往生者生前種種，以及他最後自殺的身影吧？那位女房東被突如其來的恐懼與想像嚇得逃出房門。

到底是什麼原因讓這位女房東性格如此暴躁和無禮呢？我一直想著，雖然可能她本身的個性就是如此，但真的只是因爲如此嗎？又是什麼原因讓她看到牆上的釘子時，一反原本的冷漠無禮，露出了哀傷的神情？當然可能是「自殺現場給人特有的恐懼和不安」，但我總覺得這位房東很可能是無法面對自己混亂的情緒，以及人生中各種殘酷的現實，對人才會充滿怨氣與冷漠。她或許是爲了不讓自己的心情陷入谷底，才會經常擺出一副趾高氣昂的樣子吧，我忍不住這麼想。

人都喜歡往高處爬，不論是經濟、社會地位或精神狀態，總希望高人一等。只是，人往往再怎麼往上爬，慾望似乎也永無滿足的一天。只能眼睜睜看著時間流逝，在還沒得到全部的慾求，便走到了人生盡頭。

同樣地，人都討厭處於低谷，不論是經濟、社會地位或精神狀態，都不希望自己居於人後。然而，往往愈想實現夢想，就會遇到愈多橫在眼前的困難。只能眼睜睜看著時間流逝，還沒實現夢想便走到了人生盡頭。我一直覺得現在有很多人都得了害怕學歷、收入、社會地位低下的「社會性懼低症」，不僅如此，連精神、心靈、情緒也出現了所謂的「精神性懼低症」。

現在回想起來，那位女房東或許是難以面對真正的自己，害怕處於低處，而她那趾高氣昂的無理似乎也提醒我看到自己的「懼低症」。

第四部

感謝

20 •
值得一輩子惦記的真情

一位有點年紀的男性委託我清掃一個死亡現場，是一棟老舊公寓裡的廁所中死去許久的腐爛遺體。這位男性委託人表示往生者沒有親人，自己只是「往生者生前關照過的朋友」。

根據之前的經驗，遺體如果是在浴室或廁所裡腐爛，幾乎都是慘不忍睹的狀態。因此，前往現場之前，我已經做好了心理準備。

當天這位男性委託人和他的兒子一起來到現場。他的兒子一臉困惑，不甚明白父親爲什麼要帶他一同前來。他似乎非常害怕看到遺體腐爛的現場，當我和他父親大膽進入屋內時，他則是誠惶誠恐地跟在我們身後。

在和委託人閒談中得知，這位往生者終身未婚，膝下無子，是所謂的「女強人」。經他這麼一說，我才赫然知道往生者是位女性，心裡忍不住開始好奇地想著他跟這位委託人的關係。

委託人領我來到污染最嚴重的地方，看到後我十分驚訝。

因爲情況跟我所想的並不一樣，雖然有一點腐臭味，但完全看不到腐敗液體或腐爛痕跡，很明顯已經有人清理過了。

那時委託人指著浴室的脫衣間，說道：「她是在這裡過世的。」並且滿是愧疚地喃喃說著：「都是發現得太晚了……。」

仔細觀察，確實可以在木質的部分與各個角落發現到污點和污染的痕跡。不過，這些都已經清理到不需要我動手的程度了。

「這裡有清過吧，是哪一位清理的呢？」

「是我！」

「……竟然能清得這麼乾淨。很不容易吧？」

「因爲我非做不可……。」

聽到是他清理的，心裡不禁佩服。

從污染的痕跡來看，可以想像遺體並非只有輕微腐爛而已，因爲我比任何人都清楚清掃死亡現場的困難，想到他獨自清理的景象，就很佩服他。至於他請我來，是希望我能完全清除腐爛遺體留下的汙染痕跡與臭味。

由於很難保證能把那裡清潔得更好，只好坦白告訴他我的建議：「如果要達到你的要求，很可能只能拆除受到污染的地方」，並且向他確認拆除費用由哪方負擔（這點對我來說很重要），而他表示願意負起所有費用。

他的反應讓我覺得有些不可思議，因爲往生者明明不是他的親人，他卻願意負擔所有的清理工作與拆除費用，還拉著不願前來的兒子一起探視現場，不禁讓我更加好奇，心想：「其中肯定有什麼原因吧？」

幾天後，也就是拆除污染處的那一天，這位委託人又帶著他的兒子一同前來。

當天拆下塑膠壁紙後，我發現底下的合板還殘留著遺體腐爛的液體，濃烈的腐敗惡臭立刻撲鼻而來。沒錯，這是常有的情形，看來還必須破壞一部分的牆壁。不僅如此，通常蛆蟲會藏在各個角落與狹小縫隙裡，幸好這次沒有遇到這種情況。

事實上，說拆除污染處是特殊清掃工作，不如說是內部裝修。當作業告一段落，我正要處理散發惡臭的廢建材時，這位委託人卻對我說了意想不到的話。

「這些垃圾要怎麼處理啊？」

「因爲是可燃的，我會拿去燒掉。」

「有沒有其他處理方式？」

「……這些是不能回收的廢棄物啊……。」

「我覺得這些廢建材就像〇〇女士（往生者的名字）的一部分，實在不忍心把它當垃圾丟掉……。」

「嗯……如果是遺物的話，則是可以祭奠之後再處理掉……。」

「真的嗎！那麻煩你祭奠後再處理掉這些東西好嗎？」

「喔！？但這樣費用會不少喔。」

「沒關係，請你還是拿去祭奠。」

經常有人要我把往生者的愛用品或玩偶、被褥、佛龕拿去祭奠後再處理，但是卻很少要求我這樣處理廢建材的。我壓不住心中的好奇與訝異，於是忍不住開口問他這麼做的理由，他才娓娓告訴我原因。

他說：「往生者雖然是個很強悍、嚴厲的人，但就像我的姊姊一樣，也比任何人對我照顧有加。」

據悉這位委託人過去曾自己做生意，遇過景氣好的年代，因此事業、生活兩得意，對別人也十分慷慨大方。交遊廣闊的他，結交了不少好友，各界人士都想與他打好關係，而往生者就是在這段時期結識的其中一人。

然而，隨著日本經濟不景氣，他的生意漸漸出現問題，財務狀況和精神狀態也因此陷入困境，更讓他受挫的是，過去對他稱兄道弟的朋友都紛紛離他遠去。也就是在他失去了金錢與地位的同時，昔日夥伴和朋友也跟著棄他而去。

雖然開始做生意之時，他早已做好心理準備，不斷提醒自己「世態炎涼」、「凡事只能靠自己」，但是現實的殘酷還是遠超過他的覺悟。或許真的唯有自己親身經歷，才知道社會多麼冷酷無情。

他深刻體會到那些昔日盟友都不是因他的才能而讚賞他，而是被他的頭銜（社會地位）與金錢（財力）所吸引。

看清這點後他久久不能釋懷，從此對人性失去了信心，並且對人生感到強烈的空虛，對未來不抱任何希望，甚至出現自殺的念頭。

然而，只有這位往生者不同，一如往常地對他好，不計較利害得失。不僅如此，甚至在金錢上與精神上給予他莫大的支持。

而這位委託人最後決定提早結束事業，以免生意落入無可挽回的局面。然而，這是需要相當大的勇氣才能做出的重大決定，也多虧有那位往生者在背後的支持，才使他有勇氣快速揮別困局。他也知道如果堅持繼續做生意，很可能會走上自殺一途。

這位往生者有如他的再生父母，有著無以回報的恩情。當初跟她借的錢，甚至不求全數歸還。所以，他非常懊悔自責沒在第一時間發現往生者病逝家中，讓她被發現時已經變成一具無法辨認容貌的腐屍。他希望藉著清理滿是污染的房間，消除愧疚感，以報答往生者昔日的恩情。

每次都帶兒子前來，是因爲想讓兒子知道自己曾經的軟弱、往生者的情義、社會的冷漠以及雪中送炭的溫暖。而她雖然已經離開人世，卻教會了他許多寶貴的事，即便死後都是如此。

儘管我們身邊不乏朋友，但究竟有幾位才是真心相待的朋友？當我們失去地位與金錢時，有幾個人會一如往常地對待或幫助我們呢？當朋友失去原有的社會地位與經濟能力時，我們是否也能待人如昔，或是伸出幫忙的手？

不知道算不算幸運，我早已看穿世態炎涼的本質。我，既沒地位，也沒財力，朋友不多，只是努力生存在這人際關係狹小社會裡的平凡人。

在這個人人必須努力爲己、戰戰兢兢生存的社會裡，對才能平庸的我來說，或許這就是最適合我的生存方式了。

21

感恩就能向前

我被叫往一處遺體腐爛的現場，往生者是一位獨居的中年男性，似乎是死了很久才被人發現，警方帶走遺體後，現場留下一地的腐爛痕跡與滿室惡臭。

『

往生者的家人有父母及兩位姊妹，一共四人。在我前往估價和清理現場時，四人都同時出現在現場。父母看起來已有相當大的歲數，是可以稱呼「老爺爺、老奶奶」的那種年紀。

兩位姊妹（中年女性）在我估價和清掃時雖然也到了現場，但全都待在大門外，沒有進來，而且從頭到尾都用手帕摀住口鼻，一臉嫌惡地遠遠看著我工作。

這樣的態度很明顯是在告訴我「她們根本不想來！」不知是否是我多心，我強烈感受到她們想要盡快離開現場的心情，那種態度甚至讓人覺得她們是將無處宣洩的不滿遷怒到我身上。

在這種氣氛下工作，我當然不好受，忍不住心想：「既然這麼不甘願，幹嘛還來呢？」不過，從他們一家人的對話聽來，應該是父母（尤其是父親）要求兩姊妹務必到現場來。

這位父親當天表情嚴肅，一副頑固老爹的架勢，彷彿是在告訴那兩姊妹：「你們好好給我看清楚哥哥是怎麼死的！不要逃避現實，替他善後是家人的責任！」所以，一進到屋內這兩位父母便一直在旁邊看著我清掃，雖然沒有打擾我工作，只是屋內臭氣沖天，又滿是灰塵，衛生情況非常差，於是我告訴他們：「你們在外面等就好了。」但他們卻回說：「沒關係。」依然堅持在現場等候。

我一面做著手上的工作，一面膚淺地想：「該不會是裡面有什麼貴重物品，才在一旁監督吧？」當我回神時發現那位父親正在閉目合掌，嘴裡喃喃念著像是經文的話語，我心想：「應該是在替死去的兒子祈求冥福吧。」

但，我錯了。這位父親其實是對著我在祭拜。我發現，只要我一有動作，這位老父親就跟著我變換方向，合掌誦經。我不禁滿腹疑惑。然而，誦經告一段落後，這位父親就對我說：「我完全沒想到會由你這麼年輕的人來清理。我不知道你爲什麼要從事這份工作，你應該常常遭受社會大眾冷眼對待吧？」說完指著我，對著身旁的妻子說：「死後會到極樂世界的，就是像他這樣的人啊。」聽他這麼一說，他的妻子連忙向我道歉，說道：「他這樣講實在很失禮啊！真對不起，說了這麼不吉利的話……。」

儘管太太出面制止，這位老父親仍然沒打算停止這個話題，還不斷地安慰我、感謝我，並對我表示自己沒有盡到爲人父母的責任。從他真摯的談話中，我感受到他平時必定是個待人謙遜誠懇的長者，也是個有強烈責任感的父親。

於是我漸漸明瞭，這對父母一方面抱著沉痛的心情面對孩子化爲腐屍的殘酷事實，一方面也爲孩子對他人帶來困擾感到抱歉。他們很希望能盡爲人父母的最後責任，才會一起進入這人人避之唯恐不及、臭氣沖天的可怕現場。強忍著喪子的悲痛，堅持善盡父母最後的責任，是從事特殊清掃多年的我很少遇見的家屬，他們有著一般人少有的責任感。

我不禁佩服這對父母。雖然和完全不掩飾自己的嫌惡、臭著臉在大門等候的姊妹倆形成強烈的對比，但我也無意苛責任何人，也沒有任何不快，因我深知這是人之常情。

然而，那位父親的那些話，著實激勵了很容易因爲這份灰暗工作陷入悲苦情緒的我，實在很感謝他讓我有了繼續向前的動力！過去我總把工作和生活分開，下班後盡量不去多想，有時甚至帶著冷眼面對這份工作，但他卻肯定了強忍辛苦、揮汗工作的我。

「你應該經常遭受社會大眾冷眼對待……」，那位父親的這話句句敲入我心裡，讓我不禁掉下淚來，久久不敢抬起頭來。在一旁的那位母親看我一直低頭擦拭地板上的腐敗液體，忍不住問道：「怎麼了？你不要緊吧？」而我只能含糊地回說：「我的眼睛被清潔藥水刺激到了，張不開……。」

22 ●

每天都是一生一次的相遇

有人委託我處理遺體，往生者是三十多歲的男性，開著車出門上班，卻沒能平安歸來，可以想見聞訊的妻小有多麼的悲痛……。

地點是在警察局的停屍間裡。一打開屍袋，濃烈的血腥味撲鼻而來，映入眼簾的遺體讓我啞口愕然，久久無語。

遺體損傷得非常嚴重，遠超過可以修復處理的程度。不僅手臂和腿部呈現不自然的扭曲，好幾根手指也都被扯裂，遺體的軀幹被碾碎，不明物體從各處大傷口流出來。頭顱也都碎裂了，臉部幾乎不成人形，爆出來的眼珠更是令人毛骨悚然。

雖然這麼說很失禮，但是整個人其實已經變成肉醬了。

遺體的慘狀，讓我不知該用「渾身是血」，還是「渾身如泥」來形容。我心裡不斷想著：「能不能至少將臉部修復到讓人可以瞻仰呢？」然而，打開屍袋看了看，我卻無計可施，只得默默蓋上屍袋。

往生者毫無預警地留下妻子和年幼的孩子離開了人世。

面對此景，我實在不知該說什麼（也沒必要說），我能做的就是像空氣一樣地待在一旁。

爲了確認身分，警方要他的妻子前去認屍。只是遺體毀損地如此嚴重，連我這個看慣遺體的人都不忍卒睹，更何況是家屬，看了之後想必只會更難以承受吧。

據了解，往生者的車子當時正在十字路口等紅綠燈。然而，一輛大卡車卻突然從後方猛烈撞上來。由於大卡車的速度相當快，幾乎在沒有減速之下，就直接撞上往生者的車子。往生者當時連人帶車被撞成一堆爛鐵，而且是一路撞到大樓外牆才停下來。

被撞擊的車子如同被揉過的廢紙一樣，車中的人自然被碾得粉碎，可以說是當場死亡。

「雖然車子被卡車追撞到大樓僅僅只有幾秒，但還是有一點空檔吧？」我腦中不斷想著，人在遭遇危難，驚慌大喊「啊」的那一瞬間，腦中到底會浮現哪些想法呢？

肇事的卡車司機受到往生者和他的車子的緩衝，竟然毫髮無傷，這是交通意外中常見的情形，實在是很諷刺。

那位先生、爸爸一如往常，在同樣的時間、開著同樣的路線上班，卻無法像平常一樣地平安回家，碰上難以挽回的人間悲劇。

很多人都非常喜歡「一生一次的相遇」這句話，我也是，但是，一想到人生必然的生死與離別，我就無法輕易說出這句話，或許我還未通透地了解這句話的深意，多數人都將這句話用在和第一次見面的朋友上，我卻一直覺得「一生一次的相遇」更應該用在我們身邊最親近的人，把握這稍縱即逝的相處時光。

人生的路上有各種磨難等著我們，有時就像這家人被命運捉弄，被迫面對突如其來的生死離別，儘管我們早已知道人生無常，但我們仍無法逃離「眷戀深愛的人，痛恨傷我們的人」的人之常情。

23

記得我們終將死去

有天，我接獲一位中年上班族突然在任職公司裡倒地猝死的案子，雖然叫了救護車緊急送醫，卻已回天乏術。我看到他時，已是躺在家中房間的冰冷遺體。或許是驗過屍的關係，身上僅穿著不合身的浴衣。

或許太過突然，往生者的妻子顯得茫然無緒，只說希望我能替先生穿上上班時的西裝，我猜想先生應該是個熱愛工作的人吧。

雖然上班族只不過是支撐公司的一個齒輪，如同機械的零件或消耗品，但我相信即使如此，每個人都帶著自己的人生目標，努力在工作中實現夢想，爲守護所愛的家人和幸福努力打拚。這樣的信念也讓我們能夠忍受上司和同事的無理要求，願意爲表現不佳的下屬承擔責任，以及對客戶低聲下氣。

說實話要替遺體穿上西裝並不容易，因爲人死後僵硬及浮腫的情況會導致遺體穿脫困難，但我還是幫往生者穿上了西裝，並且繫好了領帶。

「看起來總算像孩子的爸了。」看到遺體容貌莊嚴，這位太太總算稍微釋懷，但對於先生臉上雜亂的鬍子還是很在意，於是拿了先生生前愛用的電鬍刀，要我替先生剃除臉上的鬍子。

「昨天早上他還像平常一樣刮鬍子、到公司上班，今天就……。」

這些話聽了真是令人心碎。一樣的早晨、一如往常地前往公司，回家時卻成了一具遺體。我能想像這樣的失落與打擊應如巨石重擊吧。

根據法醫學研究，人一旦死亡，鬍子也會跟著停止生長，只是人死後因肌肉乾燥萎縮的原故，很容易讓人誤以為死者的鬍子仍繼續增長。

之前我曾接到一位中年女性在家中廁所裡猝死。這位往生者似乎是在目送丈夫、孩子出門後，沒有任何求救和掙扎，一個人在浴室裡沒了呼吸心跳，等到家人傍晚回家時，她已成一具冰冷遺體。

她死亡時還緊抱馬桶，可能是當時準備打掃廁所，在來不及求救下就以這樣的姿勢撒手離世。看到太太的死狀，她的先生不斷拜託我讓她的身體平穩躺下，好讓她安息離世。

當時我心想，這位主婦應該每天都過著同樣的日子，在先生外出工作後，在家盡心做好每件家事與育兒工作。我可以想像家庭主婦的辛勞並不亞於任何在外奔波的人。除了要繃緊神經與左鄰右舍打交道，還得與其他家長建立良好的人際關係，有時做完一整天的家事，還得侍候工作回來的先生，並將自己幸福建立在先生的健康以及孩子的未來上。對她們來說，最重要的或許是家人的愛和笑容吧。

當時我花了一些時間舒展往生者僵硬的身體，並將她安置在棉被裡。「謝謝你讓她安詳地躺在棉被裡。」她的丈夫如釋重負地對我說。「昨天早上，她像平常那樣在大門看著我們出門，沒想到那竟是最後一面……。」我也知道他仍無法接受太太死去的事實，無法面對一如往常的早晨，竟然成了天人永隔的一刻。

中世紀歐洲有句名言這麼說：「記得我們終將死去。」我一直覺得思考死亡有助我們了解此生的意義，每個人都應該在活著時思考死亡的輕重。

只是理解人生有限是好事，但這種想法也不盡然適用每個人。有些人或許只會得到負面的想法，感覺生命盡是虛無，只求短暫的快樂。

從事這份經常得面對死亡的工作後，我幾乎每天都在思考死亡，「珍惜當下」的想法也如影隨形地提醒我，讓我的人生不敢稍有懈怠。或許是我知道了不知道會比較好的事，想了不要想太多比較好的事。

思考沒有答案的事情，很容易讓人陷入無法自拔的迷惘，因此，重要的是，我們能否學會在某個時間點不被無謂的事綑綁，也才能真正的「珍惜當下」。

切記，我們愛的人不一定會如今天出現在我們的眼前，但願這篇文章能提醒大家時時珍惜身邊那個習以爲常、但我們深愛的人。

24 •

喜人之所喜，悲人之所悲

看到人死，我們總會感到心痛，但這卻是從事我們這一行無可避免的事，若是碰到往生者是年輕人，尤其是小孩，就更令人心痛。

小孩用的棺木通常很小。一般的棺木至少要兩個人以上才抬得動，小孩用的棺木，一個人就能輕易舉起來。小孩的身體也很小，搬動成人的遺體需要兩、三個人幫忙，而小孩的遺體只要一個人就能輕易抱起來。

「他還這麼小，怎麼就這樣死了！」

是的，這孩子的棺木和身體都很小、很輕，但他的死，卻無比的沉重。這令人費解的景象使我一陣暈眩，內心震動不已。

我第一次負責處理的小孩遺體是一位只有小學年紀的男童。那時內心百感交集，震撼不已，至今依舊深烙在我腦海裡。即便後來我處理過各種小孩的身後事，都無法忘懷這位年輕生命的逝去。

有的孩子小到用一隻手就能捧起來；有的孩子身上滿是令人不忍卒睹的針孔痕跡；有的孩子則是遭到意外事故，身體嚴重受損；有的孩子留下了未來的夢想；有的父母與寶貝孩子頭貼著頭，依依不捨地告別；有的年幼弟弟妹妹拉著不會說話的身體頻頻問著：「哥哥去哪裡了呢？」令人一陣鼻酸，不知如何回答。

曾經，我也和那些爸媽一起哭泣，耽誤工作的進行。

還記得那天昏暗的太平間裡，放著一個小男孩的遺體。一個人孤伶伶地躺在那裡，身體被乾冰凍得僵冷，情景無比淒涼。

我接到爲這個孩子處理身後事的請託，肅穆地替他更衣、入殮。基於工作責任和對這個幼小遺體的不捨，我小心翼翼地進行每個步驟。

除非是特殊情況，一般來說，家屬都會在場觀看入殮儀式。然而，這個男孩的家屬全都沒來。但我不認爲他們是「無情的家人」，因爲我完全感受到他們並不是不愛這個孩子才缺席。遺體旁堆積如山的玩具和零食，說明了他們對他的愛。

我無從得知具體的情況，只能默默做著工作。「他的父母爲什麼沒來呢？」一想到心中就一陣酸楚。

這對父母或許是難以面對愛兒的死去，不忍心看到他的遺體放入陰暗的棺木中吧……。

原本溫熱的、活蹦亂跳的兒子，死後竟成了一具僵冷的遺體，就算知道人死不能復生，心裡還是無法接受吧。

他們的內心或許正在天人交戰，一方面想要好好安葬愛兒，一方面又害怕必須接受愛兒死亡的事實。我是個外人，自然無法知道這對父母撕心裂肺的痛到底有多深、多濃，但那刻的我，傷感絕對超越單純的同情。

即使有時我內心偶爾會閃過「他人的不幸甜如蜜，他人的幸福妒如仇」的晦暗面、「不真心同情他人不幸，不誠心祝福他人幸福」的醜陋心態，但是，我其實非常希望自己成爲「喜人之所喜、悲人之所悲」的人，哪怕只能做到一點點，都希望自己在死前能修練成那樣的人。

「痛人之所痛」，離開那個房間時，我不禁想著，這應該是讓人活得美麗的祕訣吧。

25 •

留下美麗的靈魂

總覺得女人都是「希望永保美麗」的生物吧（或是這是男性的偏見）？所以，不管處理的遺體是多麼的年輕或年老，原則上我都不會替女性遺體更衣。因爲儘管對我來說，面對的都是冰冷的「遺體」，但對家屬而言，那些都是他們摯愛的母親、姊妹或女兒。我明白讓陌生的男性替他們親愛的家人更衣，心裡一定不好受。只是若是情況緊急，當下也就無法顧慮那麼多了。

有一種病叫做「敗血症」。按照資料上的說法是：「鏈球菌等病原菌不斷從體內的病灶入侵血液，進而引發全身重度感染。」我不是醫生，也不是科學家，無法說明引起敗血症的原因，不過，因工作上的需要，我從專家那裡學到了一點知識（基於工作上的安全考量我必須知道）。

接獲一位二十多歲女性病逝、家屬委託我過去處理遺體的案子。我在她死亡隔天來到現場，但遺體已經腫脹不堪，身體表面出現無數水泡。外觀比原來的身體腫脹了兩倍以上，甚至到三、四倍之多，每個水泡裡都積滿了黃色及橙色的體液，只要外皮破掉，體液便會流出，滲到棉被上，發出難聞的惡臭。

當時那位母親一個人坐在遺體旁，明顯對嚴重走樣的遺體感到不知所措。

「昨天晚上看起來還跟平常沒兩樣，像是睡著而已……。」她彷彿不知該向誰傾訴無處宣洩的悲傷與憤怒，一直不斷重複著那句話。她的心情我完全了解。

一般來說，遺體通常需要經過數天才會走樣（腐壞），一個晚上就變成這樣，也難怪她母親會如此驚慌了。

當天我只能優先處理遺體，顧不得她是女性而有所避諱。脫掉她女兒遺體身上的浴衣當然是在她母親允許下，儘管處理過程並不容易，但我還是憑經驗依序進行。

爲她女兒更衣時，她母親並沒有特別說什麼，只是不斷地喃喃說著「你看她原本是這麼可愛的女孩子呢」，並且將女兒生前活潑可愛的照片拿給我看。照片中的她確實如她母親所說，是位美麗又可愛的女孩。

然而，橫陳在我眼前的遺體卻看不到半點生前的可人模樣，甚至可說是慘不忍睹的駭人樣貌。才僅僅一個晚上而已。

這位母親在女兒病倒時，就已經知道女兒來日不多，逐漸接受女兒將不久人世的事實。

然而，即便在照護期間，已經做好面對女兒死亡的心理準備，要自己忍住悲傷與女兒平靜告別。女兒過世時，也確實平靜以對，沒有太大的情緒起伏。只是，她萬萬沒想到遺體一夕之間完全變了樣，讓她難以面對這預期之外的殘酷事實。

變樣的遺體，深深打擊了這位母親。

或許因爲毫無心理準備，走樣的遺體給她的衝擊甚至比女兒的死更爲強烈、巨大，有如和女兒死別了兩次。

我不知道該怎麼說，女兒的死固然令她哀傷，但她的心情不也因此獲得另一種平靜、解脫？只是，這份平靜卻在一夕之間變色，遺體腐壞得不成人形，像是追討未償還的悲傷，在離別的最後一刻仍不讓這位母親從悲傷中解脫。

很遺憾的，誰也沒辦法讓遺體回復原來的樣貌。

一般來說，遺體入殮後都會讓臉部露出，供家屬憑弔。只是，依照這個遺體腐壞的情況來看，最好還是不要讓人瞻仰她的遺容。我心想：「這位女兒應該不希望別人看到她醜陋的模樣（抱歉措辭或許對死者和家屬很失禮）。」於是我便向她母親建議不要讓人瞻仰女兒遺容。

因爲我自以爲這或許是「每個女人最後的願望」。

不知道自己能爲這死去的女兒做些什麼，所以我在離開之前，告訴她母親說：「你女兒的身體雖然變了樣，但她的靈魂還是像生前一樣美麗動人。」

結語●●

我們一輩子的人生功課

「如果有來生，你還會選擇同樣的工作嗎？」曾經有家雜誌社採訪我時，問我這個問題，當時我不假思索地回答：「絕對不會！」

那位記者頓時一陣苦笑，因爲我的答案似乎出乎他的預料。沒錯，如果人生可以重來，我不會選擇這份工作。或許是因爲「做這山、望那山」吧，我也很想嘗試走其他的路。儘管心中如此期盼著，但我依然感謝這份工作帶給我的人生體悟、感謝自己能夠堅持至今，同時爲這樣的自己感到些許自豪。

也有人問我：「你是出於使命感才從事這份工作嗎？」答案肯定「不是！」我不是爲了社會、爲了服務人群才做這份工作，而是爲了生活，也就是爲了自己、爲了錢。當然，我也對這份工作有一定的責任感與使命感，但那僅限於工作職責。

我的工作表面上看起來像是爲別人犧牲奉獻，假如真有爲社會、別人盡份心力的工作（雖然我很想），那也不是我這個行業會出現的成就。

我做事都是從自己的角度出發，所以我絕對不會說「我是爲了社會、別人盡一份心力而做這份工作」。經常有人對我說：「真是辛苦的工作啊。」這份工作確實有許多難處。但是，世界上應該找不到不辛苦的工作吧？即便如此，大部分的人好像都覺得我的工作非常辛苦，甚至寄予無限同情。

這很可能是因爲一般人對這份工作有先入爲主的觀念或偏見吧？也可能是我在部落格裡太過強調人生悲慘殘酷的一面？不過，我並不覺得自己是個倒楣鬼，雖然我也不會囂張地說：「我是世界上最幸福的人」，但卻可以自豪地說我還滿幸福的。

儘管心裡有許多煩惱及痛苦，但我也獲得了不少自認爲幸福的體驗與感受，有時還會因爲滿溢的幸福感而熱淚盈眶。我甚至認爲如此豐富多彩的人生何等奢侈。

或許有人會說：「你未免說太多漂亮的場面話了吧？」我當然不希望如此，但就算會被人取笑我的人生體悟過於「冠冕堂皇」、「不切實際」也無所謂。

人不都喜歡美好的事物，內心深處也一直追求美好的人生嗎？但到底是因爲本身是美好的生物，才會喜歡美好的事物？還是因爲本身是骯髒的生物，才會一心追求美好？我不知道答案是什麼，但我確實一直希望自己的人生會更好。

或許有人會覺得我將工作攤在世人面前是在展現自己的厲害，但我只是出於平常盡做些糟糕的事，偶爾在部落格裡說些大道理也不爲過，才會決定高談生死於我爲何。

人爲什麼會來到這個世界？是爲了什麼而活？生命爲何如此重要？我們存在的意義是什麼？死亡應該如此被忌諱害怕嗎？我其實沒有答案，因爲這些未知正是我們一輩子的人生功課。

我沒有胸有成竹的定見，對別人闡述生命的可貴，只能說我們擁有的一切並非理所當然，以及人生沒有自己所想的那麼長。

活著，其實是一件奇妙的事。我一直深信人生是「以偶然之名出現的必然」，是一場「名爲現實的夢幻」。也認爲活著不是權利，是一種責任與義務，有時甚至是一種使命。因此，最重要的是了解自己所和愛的人終將死去，體悟我們的人生與所剩的時間有限。

了解這些也不是重病者或高齡者的特權。只要知道今天這一天、現在這一瞬間有多麼寶貴，對照悠遠的時間與短暫的人生，即可輕易感受這一點。如此一來，稀鬆平常的景致也會顯得燦爛耀眼，身旁人的笑臉看起來也更可親。

人無論如何都不可能延長自己的壽命，更無法掌控自己的情感。很遺憾人就是如此微弱、渺小而無力的生物。

所幸，即便我們的身體受到社會或疾病所束縛，依然有能力讓心靈奔向「自由」，而這顆自由的心將帶領我們追求更美好的生活，決定自己要過什麼樣的人生。

活得長久固然重要，但我深信更重要的是「如何活著」。

此時此刻的當下，我們最應該珍惜的是什麼（誰）？我們是否只顧追求有形的一切，將無形的事物拋諸腦後呢？或是只相信眼前有形的事物，懷疑無形的存在意義呢？不管做什麼都一成不變，是否是因爲所見的事物無法帶給我們心靈成長？而我們的內心依舊渴求改變？

若是如此，我們就該思考死亡，仔細傾聽內在的聲音，深埋內心的理性與良知也會因此覺知人生苦短，大智地面對人生，重新考量事物優先順序，擁有清明的覺察力，看清應該珍惜的人事物。

我看過無數失去所愛家人的告別場面，看到許多人對著家人遺體不斷說著「謝謝」、「對不起」。當我們想到自己的生命即將走到盡頭時，會想到什麼，我相信我們腦海中浮現的一定是滿滿的感謝與歉意。

我不明白終點前的我們爲何如此，但我看過太多這樣的場面。然而，等到臨終之際或者對方已死時才察知這點都太遲了。一定要在我們活著的時候，表達我們對身邊人的愛。不論是所愛的家人、相知的朋友，甚至是我們自己，都不必然活於此世，誰也無法保證每個明天都能相見。感謝的話、道歉的心不要深藏心底，要即時表達，因爲幸福正是來自於此。

我不知道自己還會在這份工作多久。剛進這一行時我是精力充沛、朝氣十足的二十多歲青年，如今的我已是精疲力盡、滿臉滄桑的四十歲大叔。雖然也想早日退休，但生活所繫，無法瀟灑揮別。看似是「與生命搏鬥」的男人，但實際上只是個苟活的人。悶悶不樂時想與死亡為友，春風得意時畏懼著死亡靠近，癡癡笑笑地渡過苦多於樂的人生。

人生固然是場硬仗，但我的工作讓我知道，我必須每一天都帶著感謝與喜悅的心，渡過這段不知何時劃下句點的人生。

本書摘自我經營五年的部落格，從五百篇的文章挑選改寫而成。但願本書能成為另一個我或翻開此書的你，思考生命重要意義的契機，讓你的人生邁向更美好的地方。

本書的最後要致上我最深的謝意。感謝那些委託人、工作夥伴、藉由死亡讓我重生的往生者、一路支持我的部落格讀者、以歡笑相伴，讓我不再孤單的家人、耐心對待難搞如我的編輯，以及特別為這些廢文解說的養老孟司先生。最後，也要感謝我這副筋疲力竭的身軀、日漸短暫的生命和苦樂交織的人生。

二〇一二年　春天　特掃隊長

解說

生死的界線

解剖專家　養老孟司

本書一讀就懂，其實並不需要解說。這原是部落格的文章，作者將每天的工作內容寫在網路上分享。因此，由讀者來說他們的讀後感或許更適合。

編輯邀請我爲這本書寫解說，或許是認爲作者的工作是「特殊」清掃，需要特別「解說」吧。我自己長期從事解剖教學，這份工作在一般人眼中相當特殊，多數人一定也認爲做這種工作的人也非常「特殊」吧。我想，這和古時候一樣，都是一種偏見，但會這麼想，也很正常。然而，屍體一點也不特別，我曾經在文章中寫道「人的死亡率是百分之百」。現代社會之所以認爲它很「特別」，只不過是因爲我們將它和人生壁壘分明地區隔開來。

地震與戰爭都會造成大量死傷，在這些情況下，屍體一點也不特別，是自然的存在。人們之所以覺得這類災害十分特別，只是因爲沒有發生在自己身上罷了，但每個人都可能遇上，沒碰上只是因爲運氣好而已。

我母親曾經遇過關東大地震（譯注：一九二三年九月一日）以及橫濱大空襲（譯注：一九四五年五月二十九日）。她告訴我那一天，她正從橫濱搭橫濱線前往八王子，所幸自己搭乘的電車平安無事，但下一班電車就遭到空襲。對於有過這類體驗的人來說，人的死未必是特別的。

我們應該以理性面對任何事情，但現代人往往流於「主觀認定」。

例如，認爲生病，就要去醫院。醫師當然會基於工作，親切地詳細說明，說明結束後，便認爲病人一定會懂，整個流程就是如此設計。但是，實際上真的是這樣嗎？例如，對男學生說明「陣痛」，他們會「懂」嗎？我也因此寫了《傻瓜的圍牆》這本書。經過說明，就能了解死亡嗎？人生是能夠解釋得清楚的事嗎？有人會知道自己「爲何而生」嗎？連這都不知道，又怎麼可能明白「人爲何會死」呢？但有些人甚至認爲所有的事都有所謂的「說明責任」。然而，世上的事，有的可以說明，有的卻不能。同樣地，有些事情必須親身經歷過才了解。這種體驗無法直接用言語對人說明。至於屍體，或許也是受到這層微妙關係的影響，才會引起大家的注意。

前往大型的告別式時，在離去之前，治喪者都會在出口處遞上一個信封給前來的人，也就是所謂的「香奠回禮」。裡面主要是主喪者寫的致謝詞。不過，信封裡還有一個小袋子，上面寫著「除晦淨身」，裡面裝的是鹽。只是前來見往生者最後一面，爲什麼要「除晦淨身」呢？除此之外，掃墓時，墓碑上都會刻著往生者的法號，旁邊則刻著「俗名」，也就是往生者生前使用的姓名。

不論是「除晦淨身」或法號，其所代表的意義都相同，亦即「人死了之後，就會變成另一種物體」，由於不知如何稱其名，也就隱晦地將往生者稱爲「佛」。

我多年來一直認爲，使用法號與除晦淨身的鹽，目的都是告訴我們：「人死了之後，就會和活人不一樣了。」但是，幾乎沒有人注意過這一點。不過，往生者是人，遺體實際上也不是屍體，一樣是人，大部分的人不會把自己孩子或親人的遺體稱爲「屍體」，就是最好的證明。大家會以往生者的名字稱呼，既然如此，就代表往生者還是人，就算死了，往生者本人也不會因此變成別人。

死亡其實是一種人稱的變化。世上不存在稱爲「我」的屍體，因爲屍體不會以第一人稱來表示。只因爲是陌生人，我們才會用「屍體」稱呼那已冰冷的遺體，所以屍體可說是第三人稱的存在。平常我們會用第二人稱表示親子或夫妻、朋友或戰友等有親暱關係的人，一旦知道對方是舊識，就會一直把他當做自己相識的人。因此，想到戰友的遺骨長眠在南方島嶼，就會想要把他帶回故鄉，而在這種情況下，戰友其實是活著的。我一直認爲第二人稱是不死的存在，所以不會有人以「屍體」稱呼父母或孩子的遺體，而是呼喚他們的名字。這本書裡也提到，當作者發現往生者是自己的舊識時驚愕不已。

現代人總以爲自己是理性且客觀的動物，正因爲屍體是「客觀的事物」，所以才把它當做是一種「物體」。但是，人們不應該把會因人稱而改變觀點的事物當做是一種物體。對人類來說，人死了之後就會成了另一種物體。例如，現代人討厭肥胖，所以很在意體重。既然體重可以測量，身體不就是一種物體嗎？不論是生是死，身體都是一種物體。差別只在於「活著的身體」會不斷汰換裡頭的物質，一旦死亡便停止更新罷了。

我想，只有日本才會把人稱做「人間」。「人間」指的是「人與人之間」，但在中文裡則是「人世間」的意思。指稱人類的時候，自然會用漢字中的「人」表示，至於狗、貓、猴子，也都能用一個漢字表達。以此類推，人當然也是一樣。既然如此，爲什麼還要特地用「人間」一詞呢？因爲日本人認爲「只有屬於人世間的人才算是人」嗎？「不屬於人世間的人」，究竟是哪一種人？受歧視居民便是其一。另一種就是「死去的人」吧？死去的人就是「離開」了人世間。若真是如此，社會上的人情義理不就是沒有意義的主張？從這點來看，「人間」一詞只是一種歧視語言，待在我們熟悉的人世間之「外」的存在，就是形同陌路的「外人」。

我們應該以理性面對所有事。前面提到現代人往往流於主觀認定。

而那是一種默契，並非是明言告知。所謂的理性是有條不紊的事理，也就是所謂的「規規矩矩」，讓人世間愈來愈有秩序。所以，會出現山手線不可以延誤兩分鐘，相撲比賽不容許造假。以此類推，吸菸不僅毫無意義，更會危害健康。然而，你自己能夠「理性」說明到什麼程度呢？死亡就是破壞了「人世間一切都能解釋」的默契。現代人若是認為：「為什麼自己非死不可？」就會對死亡敬而遠之。能讓人們切身感受到死亡存在的就是屍體，所以最好盡量離屍體遠一點。屍體才會因此成了人們避之唯恐不及的「特殊清掃」對象。

各位知道自己的體內有多少細菌嗎？據說數量是以兆計算的。我們自己就是生態系的一員，與生態系並不是毫無關連。有多少人看到田裡的稻子，會覺得「那就是將來的我」？稻子會長成稻米，稻米再滋養我們的身體，而田裡的土壤便包含將來的自己，因為稻子是從那堆土壤中獲取養分。孕育魚類的是海洋，海洋裡的各種成分會滋養魚類。當我們吃了魚，它便滋養了我們的身體。同理，大海不也包含將來的自己嗎？我們真的可以撇清關係，說大海是大海，不是我嗎？我們是無常世界裡的一份子，只不過是偶然在某處成形的一個「東西」。而這個形體，到了隔天就會汰換一部分，過了三個月，便會汰換許多物質。

「在嘴巴裡的口水並不髒，為什麼一吐出來就會變髒呢？」當小學生問你這個問題，你能回答得出來嗎？我認為那是因為我們太偏愛自己，又愛得十分堅決，當自己的一部分流露在外，就會一反過去對它的偏愛，反而嫌它「骯髒」，也才會發明沖水馬桶。明明是自己製造的產物，卻連自己也無法忍受。行文至此，想必各位應該了解屍體的定位了吧？

屍體其實是「將來的自己」，而且「我們將來一定會變成那樣」。有些人之所以對屍體產生反感，其實正是因為「不願意接受」這個事實的緣故。然而，不願意接受自己，又怎麼能真心接納別人？但現代人多半都是如此，才會這麼難與人相處。

我常常覺得，人如果是「理性」的存在，至少應該要能理性看待「自己」。然而，往往是那些認爲自己必須理性、客觀地看待事物的人，最容易被自己的情感困住。我希望這樣的人能試著從各種事物中省思「自己的想法」，想想自己「爲什麼會用那種角度思考」。例如，「不想考慮」某件事，只想「考慮這些事」不就是一種偏見嗎？

理性世界有一個大漏洞，那就是「只有自己願意思考的事情」才稱得上是「問題」。人們因此忌諱死亡，甚至避之唯恐不及。如果要想這麼麻煩的事情，還不如死掉算了。讀這本書時，我忍不住心想，或許正是因爲許多人都有這種想法，才會發生那麼多起自殺案件吧。

我有一次搭計程車，和司機聊起了葬禮。那位司機先生跟我說：「我同事前陣子過世了。我們家是信奉淨土真宗，我同事是信仰真言宗，因爲沒看過真言宗的葬禮，所以我仔細看了全程儀式。葬禮結束時，剛好有位和尚走過我身邊，我就問了一堆問題。」我問司機先生都問了些什麼？他說：「人死了之後會怎麼樣呢？」

「結果那個和尚白了我一眼，說死了就完蛋了啊。」「唉呀，這和尚說得真好。」我倒覺得這麼想也不錯。

常常有人問我：「我是怎麼看待自己的死亡呢？」我總是回答：「想這些事情也沒用啊，所以我不會去想。」就算我死了，感到困擾的也不是我。如果我在這篇解說的截稿日之前死了，傷腦筋的並不是我，而是編輯。既然如此，我也不必想那麼多，留給編輯去煩惱就好。活著就是這麼一回事，所以人生才會「四苦八苦」。四苦指的是生老病死，八苦則是生老病死所帶來的情感。出生、老去、病倒、死亡，是人的自然法則。現代人極力想要「扭轉自然」，儘管精神可嘉，但最後仍是無能爲力啊。

難治之症也有可能治好，人們因此抱持希望，但就算治好了難治之症，卻又因爲其他疾病而死，也是無濟於事。不過，當然也不能因此陷入絕望，就算罹患了疾病，也有可能治好。所以，我認爲只能當下再思考，因爲就算現在傷透腦筋也沒用。所以，自己的死亡不妨等「死了再考慮」吧。這麼說，也許有人會破口大罵表示：「怎麼可以這麼不負責任！」肯定會氣得跳腳。感覺就像相撲比賽造假是豈有此理的事。不過，氣久了會傷身，發脾氣還是要適度。思考死亡也是如此。如果太鑽牛角尖，就會想要自殺，認爲自己死了也無所謂。要是有人因爲這種想法而尋死，那就傷腦筋了。感到困擾的當然是身邊的人。當人與人之間的關係愈來愈淡薄，自殺的情形就會愈來愈多。因爲愈來愈少人覺得自己死了會傷害到家人，才會讓自殺有增無減。相反地，過去不少案例是因爲「要死給你看」而跑去自殺。這是因爲人際關係緊密，知道自己的死會對家人造成什麼樣的影響吧。

人就是這麼麻煩的動物。所以，「接受」就是一種妥協，要活下去就必須妥協，至少對於自己的人生應該適度妥協。放眼世界，依然有許多人對於和自己不同的事物採取趕盡殺絕的態度。義大利總理與法國總理爆發口角，因爲義大利軍隊在阿富汗無人死傷，法國軍隊卻有人陣亡。爲什麼義大利軍隊無人死傷？後來爆出是義大利賄賂敵軍換取和平。

我無法說誰對誰錯，但是也不能就此認定世間就是如此。難道沒有什麼事情是可靠的嗎？我認爲還是有。可以肯定的是自己擁有這副身體，以此而活著，並且擁有這種想法的我確實存在。除此之外的事也只能等碰到再依當下情況思考。讀了本書之後，我謹以這些想法與大家分享。

人生顧問CFG0235

那些死亡教我如何活：一個清掃死亡現場者20年的生死思索

作　者─特掃隊長
譯　者─莊雅琇
主　編─黃安妮
封面暨內頁設計─我我設計工作室
責任企劃─張燕宜、石瓔寧

董事長─趙政岷
出版者─時報文化出版企業股份有限公司
108019台北市和平西路三段二四〇號三樓
發行專線─（〇二）二三〇六六八四二
讀者服務專線─〇八〇〇二三一七〇五
（〇二）二三〇四七一〇三
讀者服務傳真─（〇二）二三〇四六八五八
郵撥─一九三四四七二四時報文化出版公司
信箱─10899台北華江橋郵局第九十九信箱
時報悅讀網─http://www.readingtimes.com.tw
電子郵箱─history@readingtimes.com.tw
時報出版臉書─http://www.facebook.com/readingtimes.fans
法律顧問─理律法律事務所　陳長文律師、李念祖律師
印刷─勁達印刷有限公司
初版一刷─二〇一六年六月十七日
初版二十二刷─二〇二一年十月二十六日
定價─新台幣二八〇元

時報文化出版公司成立於一九七五年，
並於一九九九年股票上櫃公開發行，於二〇〇八年脫離中時集團非屬旺中，
以「尊重智慧與創意的文化事業」為信念。

那些死亡教我如何活：一個清掃死亡現場者 20 年的生死思索 / 特掃隊長著；莊雅琇譯 . -- 初版 . -- 臺北市：時報文化, 2016.06
面；　公分 . -- (人生顧問；CFG0235)
譯自：特殊清掃：死体と向き合った男の 20 年の記
ISBN 978-957-13-6659-3(平裝)
1. 殯葬業　2. 生死觀　3. 文集
489.66　105009114

特殊清掃：死体と向き合った男の２０年の記録 特掃隊長
"TOKUSHU SEISOU – SHITAI TO MUKIATTA OTOKO NO 20-NEN NO KIROKU" by TOKUSOU TAICHO

Original Japanese edition published by Discover 21, Inc., Tokyo, Japan
Complex Chinese edition is published by arrangement with Discover 21, Inc.

Printed in Taiwan
ISBN 978-957-13-6659-3